目 录

中文版序
推荐序
前言

| 第一部分 | **人格、成长与治疗** /1

　　01　我早期对文化与人格的理解 /2
　　02　幸福心理学 /5
　　03　对自我实现理论的批评 /11
　　04　接纳存在之爱中的挚爱 /19
　　05　高峰体验的健康意义 /22
　　06　审美需要初探 /26
　　07　儿童的限制、控制和安全需要 /30
　　08　约拿情结：理解我们的成长恐惧 /33
　　09　悲剧心理学 /39

10 是与否：关于乐观现实主义者 /51

11 生理上的不平等与自由意志 /54

12 人本主义生物学："完满人性"对精英论的启示 /62

13 生活在高阶价值观的世界中 /66

14 重拾感恩 /72

| 第二部分 | **心理学的再审视** /75

15 人性的本质 /76

16 高级动机和新心理学 /82

17 欢笑与泪水：心理学遗失的价值 /97

18 人的本性是自私的吗 /106

19 科学、心理学与存在主义 /116

20 心理学能为世界做什么 /122

21 被忽略的心理学革命 /125

| 第三部分 | **管理、组织和社会变迁** /131

22 超越自发性：对伊萨兰学院的批评 /132

23 通过 T 小组建立共同体 /135

24 促进友谊、亲密感和共同体 /140

25 定义美国梦 /146

26 在人本主义心理学基础上建立新政治 /154

27 关于美国政治的进一步思考 /161

28 沟通：有效管理的关键 /163

29 对邪恶视而不见、充耳不闻：自由主义的溃败 /169

30 领导、下属和权力：致亨利·盖格的信 /177

31 报纸的动机层次 /188
32 美国管理的动力 /191

致莱因的信 /202
致 B. F. 斯金纳的信 /203
致约翰·D. 洛克菲勒三世的信 /205
致谢 /209
参考文献 /210

| FUTURE
| VISIONS

中文版序

尽管马斯洛在有生之年从没有到过中国，但他确实非常高兴看到越来越多的人对他的思想理论表现出极大的兴趣。因为在马斯洛看来，他所创造的心理学体系不仅和远离他所生活的20世纪中叶纽约的人们有关，而且对实现和谐人性这一目标至关重要。按照马斯洛的观点，人格根植于我们的生物本性中，世界上的每个人都具有相同的情绪需要和相应的动机。30岁的时候，马斯洛果断地摒弃了文化相对主义，坚持认为"个体从一出生进入社会就不是一块任由社会塑造的泥块，而是一个社会可以包裹、压制和建设的结构"。他强烈希望能够把东西方最好的部分结合起来，创造一个更加美好的世界。感谢高科技的迅速发展，比如智能手机和互联网，使得这一目标的实现更为可能。

当然，马斯洛最为著名的也许还是他所提出的"自我实现"这一理论。他告诉我们，每个人都有能力去实现自己所有的潜能，但很多时候我们缺乏实现潜能的动机,这是由我们错误的家庭教养方式造成的。我们执着于满足低层次的需要,比如安全或归属的需要,而不是去努力实现我们最高层次的天赋和兴趣,或者有意回避追求个体潜能所带来的挑战。"如果我们故意不去努力实现自己的潜能,我不得不警告你,你的余生将在深深的不幸之中度过。"马斯洛断言,"逃避自己的才能,最终也会错过你所有的可能。"

马斯洛最重要的导师是阿尔弗雷德·阿德勒(Alfred Adler)。这位精神科大夫曾与西格蒙德·弗洛伊德(Sigmund Freud)关系非常密切,最后却成了最大的对手。在马斯洛学术生涯刚刚开始的时候,就发现了已经闻名世界的从维也纳移民到纽约的阿德勒,与弗洛伊德只看到人性黑暗一面的愤世嫉俗不同,阿德勒强调,我们天生具有善良、信任、友好和爱的能力,但这些品质必须通过有效的父母教养和教育才能得以培育。作为马斯洛和阿德勒两人的传记作者,我觉得他们之所以能够成为朋友,是因为他们都具有理想主义,以及相同的背景,他们都来自犹太移民家庭,家庭贫困且父母都没有受过多少教育。在我发现并编入本书的许多未发表的文章中,马斯洛多次谈到自我实现这一引发强烈关注的概念,并认为阿德勒之前提出的人天生具有利他能力的观点给他带来了莫大的启迪。

马斯洛是一位真正的预言家,他坚信自己的思想体系有助于建设一个更美好的世界。即使在全球局势非常紧张的时期,他依然对未来持乐观态度。他坚定地写道:"虽然现在出现威胁全人类灾难的可能性依然存在,但乌托邦也更加清晰可见。因此,我觉得比以往任何时候都更有理由……去严肃而不是愤世嫉俗地询问'生命的意义是什么？我们应该如何更好地获得幸福与宁静？我们如何能成为一个好人，真实而善良？'……我相信，世界的希望在于，依靠所有社会科学，特别是心理学对社会本质的理解。"

中国现在是世界上最重要、最富有活力的国家之一。因此我相信，马斯洛思想在中国影响的扩大，不仅将有益于中国的教育、组织管理和心理健康领域，同时也将有助于改善全世界人民的生活。

爱德华·霍夫曼

FUTURE VISIONS

推荐序

马斯洛去世 25 年后,他的声望没有任何下降的迹象,弗洛伊德和荣格的名声却日趋式微,我认为这一点意义非凡。而且我认为马斯洛的时代还未到来,他的辉煌属于未来,他的影响在 21 世纪将会更加清晰可见。

在关于马斯洛的书——《心理学的新道路》(*New Pathway in Psychology*,1982)中我曾提到,1959 年我曾收到马斯洛的一封信,他在信里对我说,他读了我写的《人的境界》(*The Stature of Man*)一书,觉得我所说的现代文学因我所谓的"无意义谬论"而脆弱不堪的观点,与他自己所谓的"约拿情结"非常类似。他曾经在他的课堂上问:"你们哪一位认为自己将会成就伟业?"当学生们面无表情地看着他时,他又问:"如果不是你们,还会是谁呢?"

在信的末尾,他还附上了他的一些论文,其中关于高峰体验的一篇论文给我留下了深刻印象。在我看来,他已经明显超越了弗洛伊德、荣格和阿德勒，尽管阿德勒提出的我们拥有"追求健康的意愿"的概念与此非常接近。我给他回了信，之后我们就开始了通信。我记得是在1966年，他邀请我到布兰迪斯大学见面，和其他人一样，我被他的绅士风度所吸引。不幸的是，我们之后再未见面，我回去之后，在20世纪60年代的后几年几乎一直在英国，但我们之间一直有书信来往。

我现在想不起来是我们两个谁提议写一本关于他的书，也有可能是出版社的建议，但我记得我们两人都认为这是一个非常好的主意。马斯洛去世的时候，我还在撰写那本书，但这之前他已经寄给了我半打多自传性的回忆录音带和一大箱他的论文，许多都是没有发表的。在我写完那本书的时候，我觉得在1969年马斯洛还活着的时候提出合作完成那本书，就像是仁慈的命运的安排。那本书是我自己的非小说类作品中我最喜欢的一本。

回想起来，让我惊讶的是，马斯洛在自己的一生中成功地成为一位开创者。他曾告诉我很多令他自己也感觉惊讶的理由。弗洛伊德、荣格和阿德勒都因为是实践经验丰富的医师而赢得了良好的声望，他们都声称自己理解了引起心理问题的原因。可以说，他们擅长的领域有现成的市场。马斯洛一生都是老师，据我所知，他从来没有治疗过任何患者。他在心理学学术研究领域中的成果，如S-R理论①等，都是其职业生涯早期的成果。因为马斯洛关于人性具有"更高的层次"以及认为弗洛伊德"低估了人性"的观点，使得他成为一个模糊的理想主义者而没有权利称自己是心理

---

① 原序如此，此S-R theory并非通常所指的stimulus-response theory（刺激－反应理论），而是指self-realization theory（自我实现理论）。——译者注

学家，且最终被排除在外。幸运的是，这种情况并没有发生，至少在舆论方面是这样的。当我1967~1968年在华盛顿大学任教的时候，我曾很高兴地看到大摞大摞的马斯洛的《存在心理学探索》（*Toward a Psychology of Being*）被放在书店的收银台旁边，像畅销小说那样卖得很快。

如果我现在必须解释一下我认为马斯洛最根本的贡献是什么，我会说，自弗洛伊德之后他对人类的心理做了最重要的描绘。尽管有些人像我一样厌恶弗洛伊德，但我们都认为，弗洛伊德抓住了潜意识心理，从而为心理学带来了一场革命。这就像是在世界地图上增加了一块新大陆一样意义重大。的确有很多人在弗洛伊德之前就认识到了潜意识，从莱布尼茨（Leibniz）到弗雷德里克·迈耶斯（F. W. H. Myers）和威廉·詹姆斯（William James），但只有弗洛伊德真正将其变成了一个确定的事实，就像是南极洲一样。

但正如阿道斯·赫胥黎（Aldous Huxley）所指出的，问题在于弗洛伊德将人类心理描绘成一种"带地下室的小屋"，地下室中全是老鼠和腐烂的垃圾。迈耶斯曾提出，人类还拥有一间"阁楼"，他称之为超意识心理，但由于其主要兴趣在于身体方面的研究，所以这一思想并没有得到迈耶斯多少关注。

马斯洛第一次清楚地阐明了人类有心理需要，包括对创造性、长远目标、价值观、善等的需要，而这些被弗洛伊德看作潜意识的"升华"而置之不理。这样一来，马斯洛创造了有关人性的一个完整的新地图。按照弗洛伊德的理论，人最基本的需要是性，所有的神经症（不只是其中一部分）都源于性的问题。赖希向正确的方向迈出了一步，他认识到性的需要与我们最高级的需要存在某种关联，通过性冲动，我们会对自己的未来产生一种非常神秘的模糊认识。荣格也更进一步地认为"人具有宗教机能"，这是一种对超越性的模糊需要。

但马斯洛明确提出，所有健康的人都有"高峰体验"，这并不神秘，是日常生活中非常正常的一部分，他提出了一个有关人性的新视角。在谈到人的"需要层次"时，马斯洛认为人类的需要从对食物、安全、性和自尊的需要，一直到对自我实现的需要。他认为，神经症的根源在于人类对获得某种创造性的基本需要。

我一直犹豫要不要加上一点（马斯洛知道我想这么做），创造性并不是写交响乐或者写诗。人类学家爱德华·霍尔（Edward T. Hall）在他的著作《生命之舞》(*The Dance of Life*)中曾写道："生活在某种程度上就像作曲、绘画和写诗，每一天所得到的可能是一件艺术作品，也可能是一场灾难。"这一点马斯洛实际上当时已经从美国黑脚印第安人那里了解到了。

换句话说，自我实现存在于心理的某种态度中。它可以被米开朗基罗式的艺术家所体验，也可以被将船模放在瓶子里的退休木匠所体验，甚至也可以被整理新屋子的家庭主妇所体验。但自我实现涉及一种创造性能量的"涌动"，给个体带来的不仅是满足，而且包括心理（也许也包括身体）健康。

按照马斯洛的观点，人们不仅有基本的"追求健康的意愿"，而且有一种对他人友善的意愿，这里所说的并不只是利他，阿诺尔德·勋伯格（Arnold Schoenberg）的音乐和库尔特·哥德尔（Kurt Godel）的逻辑证明也算是利他的。萧伯纳在谈及哲学的时候说："我们的头脑中只有有关自己的知识，能够让这样的知识增加一点的人无疑就是创造了新的头脑，就像女人生了孩子一样。"萧伯纳最糟糕的一出剧——《布兰科·波斯内特的出现》(*The Shewing Up of Blanco Posnet*)具有相同的主题：一名罪犯因为认识到自己内心深处行善而非作恶的动机后变得无私，放弃了自己以前的行为方式。

  对我而言，这似乎就是马斯洛最伟大的贡献：认为所有人都具有"更高级的本性"，而人性的完满依赖于个体是否承认这种更高级的本性存在。将这一认识作为自己心理学的基础之后，马斯洛逐渐转向两个多世纪之前假设的对立面。在牛顿和笛卡尔之后，哲学已经开始将自己从古老的宗教信仰中解放了出来，其结果就是被认为是现实的人性哲学，因为它将善、无私和利他都作为感情用事的错觉而予以摒弃。查尔斯·兰姆（Clarles Lamb）曾说，最让人高兴的事就是偷偷地做好事，然后又被别人意外发现。这句玩笑话背后的含义是，我们不可能无私地去帮助他人，即便我们是在"做好事"，这已经得到了达尔文关于适者生存学说的科学证明。

  因此，弗洛伊德关于"人类所有的冲动都必须被降低到最低"的论述所表达的观点实际上就是19世纪末大多数知识分子的观点。荣格对弗洛伊德认为所有的艺术和"精神性"都只是"被压抑的性的表达"的观点提出了抗议，他指出这一观点将"导致对文化做出毁灭性的评价"，弗洛伊德则回应说："是的，这恰恰就是对我们无法抗拒的命运的诅咒。"

  在这一点上，我必须补充一句，我常常发现自己很难理解马斯洛对弗洛伊德所表现出的尊敬和钦佩，他甚至将自己描述为一名弗洛伊德主义者。难道是因为他担心公开反对弗洛伊德的理论会使自己无法成为一名心理学家？或者他认为采取某种保护性的策略是必要的？实际上，马斯洛比荣格和阿德勒更加反对弗洛伊德，他关于"人性具有更高层次"的观点就是对弗洛伊德学说的公开反对。也许这只是对弗洛伊德生活与工作的纯粹力量与一贯性的一种艺术欣赏，弗洛伊德的生活和工作的确可以算是一部可读性极强、非常令人着迷的故事。当然，我们必须记得，马斯洛当时只是一位年轻的心理学家，而弗洛伊德当时在科学界的地位已经与达尔文、卢瑟福（Rutherford）、爱因斯坦和普朗克（Planck）等并肩，而且一直是美国心理学20世纪40年代到50年代的主导力量。

无论是什么原因，如果马斯洛今天还活着，我想他可能不会对弗洛伊德再持有那么宽容的观点。

马斯洛在62岁的时候就去世了，这对我来说显然是一个悲剧，因为他的工作才刚刚开始被广泛地认可。本书所展示的就是他活跃的思维一直在寻求解决的新问题。他在最后一篇文章《生理上的不平等与自由意志》（*Biological Injustice and Free Will*）中提问，天生具有某种重大缺陷的人是否正好驳斥了他关于人性乐观的看法。他的回答是，无论发生什么，我们都拥有自由意志。这正好与萨特（Sartre）的观点一致，萨特认为即使是面临死亡的癌症患者，也可以决定自己何时向疼痛投降。在我一遍又一遍地阅读马斯洛的著作时，我相信他属于犹太人传统中伟大的"智者"，就像斯宾诺莎（Spinoza）和摩西·门德尔松（Moses Mendelssohn）一样（他们两个都是"有生理缺陷的"）。

我想，如果马斯洛能比普通人活得久一些，他一定会付出更多的时间将他的许多洞见汇集成一个条理分明的整体。当然，我的意思并不是说他的工作毫无条理，所有阅读本书的人都会发现，本书中的许多思想虽然还需要去进一步地探索，但确实意义非凡，因此本书与他健在时出版的任何一本书一样，都非常重要。比如他说，有位曾向他咨询的年轻人说，"如果我被车撞到了，一切烦恼就都结束了"，马斯洛却指出，这个年轻人也将错过"所有令人愉快的事情""生活中所有快乐的折磨"。这里需要引起广泛关注的是，人最基本的问题是被眼前的事物所束缚而造成的视野狭隘，就像一个走在大城市中被高楼大厦阻隔了视线的人，我们现在需要的就是一幅清楚标注了每一条街道的城市地图。任何一个有过像马斯洛那么多思想火花的人都是定下心来绘制这幅地图的理想人选。

我一直觉得马斯洛已经解决了他在工作中强调的所有基本问题，但他没有认识到这一点。例如，在《幸福心理学》(*The Psychology of Happiness*)这篇文章中，马斯洛从需要一个比"没有痛苦就是快乐"的观点更加宽泛的幸福定义出发，谈到了"牢骚阈值"(grumbles threshold)，还提到了我关于"圣·尼奥特的边缘"或"无差别阈限"的概念。我已经注意到，似乎存在一个意识领域，与快乐刺激没有差别，却能够使人被某种威胁或灾难的预兆所刺激而进入对事物意义的知觉。马斯洛极具洞察力地提出，你是否有可能很幸福但不知道自己很幸福，答案的确是我们一直如此。当我们因为一些琐事而陷入困境的时候，如何能学会知觉到这一点呢？

我一直认为人的问题可以很简单地进行表述：在面对有趣或令人激动的挑战时，我们就处在自己最好的状态。每个人都憧憬着更富有创造性、更富有成效的生活方式，而当外部问题都消失的时候，我们倾向于陷入一种停滞之中。

因此，我们追求某种"目标"来让自己获得满足，这个目标通常都是比较复杂但又很有趣的。但找到这样既能让你感兴趣又基本上像是浪费生命的事情并不容易，比如你可以没完没了地办晚宴，邀请人来参加，直到你愿意自己一个人度过一个晚上。

因此，人们发现面对的是一个对自己并没有什么帮助的选择：高高兴兴地被"卷入"，但又不得不承认浪费了大量的时间，或者不被"卷入"，但又被无聊所麻痹，缺乏目标。

还有第三种可能，人与动物不同，并不完全只是身体的存在。人们学会了如何使用他们的头脑与想象力，可以长时间地独处，完全被理想甚至幻想所吸引。托尔斯泰（Tolstoy）在写《战争与和平》（*War and Peace*）的时候，很明显花费了数周甚至数月的时间沉浸在自己的内心世界中。

对我来说，人性已经达到了进化的临界点，当前最迫切的需求是学会如何进入一种"着迷的状态"（心理卷入）并依然保持独处或没有让自己卷入其中。赫伯特·乔治·威尔斯（H. G. Wells）曾说过："鱼是水的产物，鸟是天空的产物，人是思想的产物。"只有我们学会按照自己的意志随意进入这些"内在"状态的方法，这种意志才是真实的，否则我们依然会被外部世界所奴役。

现在我认为，马斯洛比任何我能想到的人都更加接近对于这个问题的解决，他因为认识到高峰体验的重要性而做到了这一点。

我最喜欢马斯洛所讲的一件趣事：一位年轻的母亲正看着自己的丈夫和孩子吃早饭，一缕阳光通过窗户照了进来，她突然想："天哪，我多么幸福啊！"此时她进入了高峰体验（我有一种模糊的感觉，马斯洛好像在已发表的文章中没有提到过这一缕阳光，如果真是如此的话，我想我明白为什么。一个诱因是有用的，但并不是必需的。我们可以掌控激发自己的窍门所在）。

关键在于，在这一缕阳光照进来之前，她就是幸福的，而她并没有意识到这一点。反过来让我们认识到，我们有1000个理由感觉自己很幸福，但我们也会仅仅因为没有注意到它们，就感觉无聊和抑郁。

那我们该如何掌控这一诀窍呢？马斯洛又找到了答案。他让自己的学生描述他们以前有过但又忘记的高峰体验。换句话说，他们只是把这些体验看作想当然的事情，尽管很快乐，但并不重要。随后当他们开始描述自己的高峰体验，并倾听他人的体验时，有趣的现象发生了：他们发现自己一开始就有高峰体验。关注高峰体验，并将它们看作生活正常且必要的组成部分，这就是获得高峰体验的窍门。

我不知道马斯洛是否认识到他的这一无意发现具有多么重大的意义。但对我来说，不管他是否意识到这一点，他无意间发现了人类下一步进化的秘密。

尽管篇幅有限，但我必须简明扼要地说明一下另外一个给我带来巨大震撼、同样具有重大意义的发现。芝加哥心理学家尤金·简德林（Eugene Gendlin）建立了一种他称为"聚焦"的技术。他说服病人尽力去提升他们的内在自我，并用言语精确地描述让他们感到焦虑的东西。他的基本假设是："未被聚焦的焦虑很容易扩散，就像是已经注入患者体内的精神血液一样。"对这些焦虑予以聚焦会使他们重新回到自己的小天地之中。我们都知道，鞋子里的一个小石子足以破坏一次愉悦的散步，即便是很小的一个问题也可能使你彻夜不眠，形成不断扩散的焦虑圈。但当你身上某个地方痒得难受时，你会去挠它，挠完之后的彻底放松会让你产生一种奇特的控制感和目的感，并且不再消极而是变得非常积极（这实际上就是弗洛伊德所说的"谈话疗法"的本质，但由于他走入了性困扰的岔道，所以错过了它的重要价值）。

这恰恰是问题的核心所在：人类总是喜欢切换回消极被动的模式。而且消极模式就像实验室用来培养细菌的玻璃片：细菌会不断扩散和繁殖。就像马斯洛提到的那个年轻母亲所做的一样，聚焦会让我们切换回积极的模式，所面临的问题似乎就消失了，至少看起来可以毫不费劲地被解决。

我还应该补充一点，另一位理解这一点的心理学家是皮埃尔·让内（Pierre Janet），他将这一过程称为"漏斗效应"。我一直认为让内也许是心理学史上最被低估的心理学家。

我认为人性进化下一步的关键是清晰地认识这"两种模式"，以及消极被动模式（我曾称之为"消极谬误"），并对我们的大多数问题负责。

萧伯纳曾说："我已经解决了我们这个时代的所有问题，但人们不断地继续提出这些问题，就好像它们从未被解决一样。"我觉得他说的是对的。萧伯纳的看法完全可以应用到亚伯拉罕·马斯洛身上，对此我没有一点点怀疑。阅读《寻找内在的自我》让我进一步确信了这一点。

柯林·威尔逊（Colin Wilson）

前 言

几年前在研究亚伯拉罕·马斯洛的传记时，我发现他遗留下许多非常有价值的著作未曾出版，这让我非常激动。从那时起，我一直渴望能够将这些文章与被马斯洛对于人类潜能和成就所持的独特视角所鼓舞的人们一同分享。马斯洛是天才式的跨学科思想家，这些文章也确实涉及范围极广，包括动机心理学、心理咨询与心理治疗、管理理论和组织发展，甚至还触及政治、政府以及全球和平。

在编辑本书的时候，我特意选择了与当代读者最为相关也最合时宜的文章。除了为每篇文章加上一个描述性的题目之外，为了提高文章的可读性，我着重修改了马斯洛的表述风格，以及句法和单词拼写方面的错误。

为了将这些文章都置于马斯洛不断发展的事业这一更为宽泛的情境之中，我还为每篇文章添加了一段介绍。

如果本书能够进一步揭示马斯洛未出版的思想理论，并能够重新唤醒人们对其重要思想遗产的认识，那我的愿望就实现了。

爱德华·霍夫曼

亚伯拉罕·马斯洛小传

过去的半个世纪，在如何看待自我方面，也许没有任何一位美国心理学家可以超越马斯洛对我们的影响。他关于自我实现、创造性和幸福感等极具震撼性的观点不仅对心理学和心理咨询影响深远，而且影响了健康保健、教育、管理理论、组织发展甚至神学等领域。从更广泛的层面来看，马斯洛的理论有助于改变人们对于如何实现有价值生活方式的流行价值观，但是人们对于马斯洛浩瀚的思想遗产的具体内容和他一生的艰难历程知之甚少。

马斯洛是一位极具使命感的人。他的目标就是扭转我们这个时代流行的犬儒主义，给人们的人格一个更加富有希望、更加鼓舞人心却又非常现实的描述。尽管对于主导20世纪大部分时期的弗洛伊德主义和行为主义的众多概念，马斯洛都非常乐意接受，但他最终拒绝了这两种心理学理论，因为他认为这两种理论都只看到了人性黑暗的一面。

纵观马斯洛的一生，他认为需要建立一种新的人性哲学，开启一场名副其实的"新启蒙运动"，帮助人们认识和发展更加高尚的审美、怜悯、创造、道德、爱、精神性（spirituality）等能力，以及人类的其他特殊特质。马斯洛坚持认为，如果不能对人性进行真正的描述并以此来指导我们自己，我们的社会会继续制定出更加碎片化、更加低效甚至是具有破坏性的社会政策和计划，包括经济计划、社会福利、犯罪问题和成瘾的治疗等。

尽管1970年马斯洛去世的时候，其所获的赞誉已经达到了顶峰，但他的事业依然经久不衰，所获得的成就也历经考验而不败。从某种意义上讲，他在纷乱动荡的20世纪60年代所获得的名声甚至谄媚只是对其几十年来不断增长的影响力的一种正式认可。作为一位热情而温和的人，马斯洛无形中影响了他所遇到的每个人，他有一种特殊的天赋能够让全新的，甚至是乌托邦式的理想看起来十分可信。

马斯洛开门见山地将自己的整个事业都描述为对道德的追求，并将对心理学的道德追求归因于自己早期的生活环境和家庭教养。1908年4月1日，马斯洛出生在一个非常贫穷、没有什么文化的俄裔犹太人移民家庭。马斯洛是家里的第一个孩子，在他之后又有三个弟弟和三个妹妹陆续降生。

罗斯和塞缪尔（马斯洛的父母）非常鼓励聪明好学的"亚伯"（大家都这么称呼马斯洛）在学业上出类拔萃。在马斯洛居住的布鲁克林的弗拉特布什社区公共图书馆，亚伯如饥似渴地读书，他崇拜的英雄人物包括因揭露丑闻而闻名的小说家厄普顿·辛克莱（Upton Sinclair）和像美国独立革命的开创者托马斯·杰斐逊（Thomas Jefferson）这样的创始人。到上高中的时候，亚伯长得又高又瘦，充满了对理想主义的渴望，充满了对民主的社会主义的向往。尽管马斯洛的政治观点后来发生了改变，但他从未抛弃自己早期的人道主义和对乌托邦的渴望。

与年轻的马斯洛的社会理想主义相伴随的是一种强烈的个人不完善感。"我的家庭非常悲惨,我的母亲是一个非常可怕的人,"几十年之后他仍然如此尖酸刻薄地回忆说,"我的整个生命哲学、所有研究和理论的提出……其根源都在于对她所赞成和拥护的一切的憎恨与厌恶"(Hoffman,1988,P.1)。塞缪尔和罗斯没完没了地争吵,并最终在孩子都长大成人之后离婚(这对于那个时代的犹太人夫妻而言是非常罕见的事情)。尽管马斯洛的弟弟妹妹强烈反对他把他们家在布鲁克林的生活描述得那么凄惨,但马斯洛的整个青少年时期确实感觉很孤独、害羞和不快乐,这一点似乎是非常明确的。除了读书之外,听古典音乐是少数几个能够给他带来快乐的活动之一。

做出成为一名心理学家的决定对马斯洛来说并不困难。在纽约市立大学和康奈尔大学,马斯洛最初学的是哲学,但最终选择主修心理学,将其作为探索人类问题的更加现实和科学的途径。尤其是行为主义的领导者约翰·华生(John Waston)的新作和威廉·格雷厄姆·萨姆纳(William Graham Sumner,1940)观点极为尖锐的人类学著作《社会习俗》(*Folkway*)对正在读大学的马斯洛产生了重要影响。1928年,马斯洛非常兴奋地转学到了威斯康星大学,这所大学以自由主义而闻名。他后来回忆,在威斯康星大学,"我开始改变世界了"(Hoffman,1988,P.34)。同一年,他与自己的亲表妹贝莎·古德曼(Bertha Goodman)结婚,他们从高中时期就开始恋爱。马斯洛结婚的时候只有20岁,他在情感上迅速成熟并获得了相应的自尊,这两者伴他度过了之后的生活。

实验心理学

在威斯康星大学，马斯洛被培养成为一名实验心理学家，他的导师包括行为主义学家克拉克·赫尔（Clark Hull）和破除旧习的"体型说"理论家威廉姆·谢尔顿（William Sheldon）。马斯洛所在的小而欢乐的心理系，几乎所有教授都是行为主义者，他们都相信通过在实验室情境中研究低等动物，比如大白鼠，可以建立有关人性的理论。最初，马斯洛也同意这一观点。但他最终认为行为主义只是一种为他人服务的新工具，属于更为广泛的人道主义。令马斯洛感到气馁的是，在威斯康星很少有研究者能够与他一样具有强烈的社会道德感，以及促进社会进步的强烈愿望。

1930 年，当年轻的哈里·哈洛（Harry Harlow）加入心理系研究灵长类时，马斯洛立刻被他的研究工作所吸引。哈洛机智幽默，马斯洛与他在一起做研究非常愉快。由于猴子明显与人更为相似，马斯洛也认为猴子比老鼠更适合作为研究对象。到 20 世纪 30 年代早期，马斯洛又开始对西格蒙德·弗洛伊德和他在维也纳的主要竞争对手阿尔弗雷德·阿德勒的人格理论感兴趣。按照弗洛伊德的观点，对人类而言最重要的是性驱力，而阿德勒强调人们对于权力或控制的追寻。对马斯洛而言，这两种视角都有一定的说服力，但他对到底哪个视角正确依然怀有疑问。

由于威斯康星大学的心理学实验室只允许进行动物研究，因此马斯洛勉为其难地精心设计了一个实验，成功地证明了猴子在社会阶层中的主导地位决定了它们的性行为，而不是像弗洛伊德所说的那样是相反的。也就是说，越居于更高的主导地位，猴子

(无论是雄性还是雌性)的性活动就越积极。而且，猴子不断展现出来的异性和同性之间的行为明显就是支配－服从行为的一种形式。马斯洛认为，对猴子来说，"性行为常常被当作一种攻击性的武器，而不是欺凌或战斗，而且很大程度上可以替代后者这些强有力的武器"(Hoffman，1988，P.61)。马斯洛的重要发现还有，猴子的支配性主要是通过相互之间的注视或视觉上的"打量"建立起来的，而不是诉诸公开的战斗。正如哈洛几十年后回想起来的："说(马斯洛的这项研究)只是领先于他的那个时代，那是严重低估了其重要性"(Hoffman，1988，P.62)。

依据这些观察，马斯洛提出了关于灵长类性行为的原创性理论。他认为，对于处在社会秩序中的猴子而言，存在两种完全不同但又相关的力量，最终形成了个体之间的性关系：荷尔蒙刺激的交配欲望，以及建立最高领主与下级之间支配关系的需要。基于这些引人注目的发现，马斯洛设计了一些研究，以便使自己能够以一种新的方式来看待人的性行为，比如与支配性有关的婚姻关系。

不幸的是，当1934年马斯洛获得博士学位的时候，美国正遭受大萧条。几乎没有什么学术职位可以选择，而且很多大学的反犹太情绪高涨，这使得马斯洛想寻求一个职位十分困难。马斯洛在威斯康星大学的导师甚至劝他将名字由亚伯拉罕改为不太具有犹太意味的名字，但他断然拒绝了。由于没有工作，马斯洛绝望地进入威斯康星大学医学院学习，但仅仅几个月之后就因为厌烦而退学了。由于经济压力巨大，马斯洛和贝莎开始无休止地争吵，他们的婚姻出现了危机。

性科学的先驱

1935年夏天，马斯洛的运气终于好转了。哥伦比亚大学教师学院的著名教育心理学家爱德华·桑代克（Edward Thorndike）给马斯洛提供了一个许多人梦寐以求的为期两年的博士后职位。刚开始的时候，马斯洛非常渴望参与桑代克名为"人性与社会秩序"（Human Nature and the Social Order）的课题。该课题是想考察影响人类社会行为变异的遗传因素和环境因素各自所占的比例（Hoffman，1988，P.72）。但由于性格的原因，马斯洛很快就对此感到厌烦，并开始胡思乱想。毫无疑问，他更想进行自己关于人的性行为和人格的研究计划。"我觉得对性的研究是帮助人类最简单的方法，"马斯洛后来回忆说，"如果我能找到一种改善人类性生活的方法（哪怕只改善了1%），那我就可以改善整个人种。"（Hoffman，1988，P.69）

马斯洛给桑代克发送了一份备忘录，直率地批评他的研究课题构思很差，这次对抗差点使得他刚刚开始的职业生涯夭折。那时，马斯洛已经在没有授权的情况下开始了关于人类性行为的研究，他在桑代克的办公室对女大学生进行访谈，甚至都没有告诉桑代克，"所有人都感到很震惊"（Hoffman，1988，P.74）。

性科学在当时还是一个非常具有争议的研究领域。桑代克对于马斯洛非常直白的访谈和问卷调查感到很不舒服，但桑代克极具勇气地允许自己的手下能顺利地继续进行这项研究。随后，马斯洛在多个专业杂志上发表了论文，他的研究表明，女性的性态度和行为与她们的支配驱力（现在称为自尊）显著相关。从本质上讲，果断性水平更高的人倾向于在性活动和性行为上更加主动和打破常规。相反,那些果断性水平低的女性的性活动主动性更低,性偏好更加保守。这些影响深远的研究比著名的金赛访谈还要早好几年,但在那个时候没有在该领域产生什么影响。最大的可能就是女性性行为这一主题在20世纪30年代的美国还太过激进。然而几十年之后,马斯洛对性行为的研究被女权主义作家贝蒂·弗里丹(Betty Friedan)重新发现,为她1963年最为畅销的书《女性的奥秘》(*The Feminine Mystique*)提供了思想基础。

教师-治疗师

1937年秋,马斯洛获得了纽约市立大学布鲁克林学院的一个全职岗位,这个学院距离他小时候生活的弗拉特布什仅仅几个街区。由于马斯洛热情、幽默,以及喜欢和学生打成一片的教学风格,很快便赢得了学生的欢迎。学生们称他为"布鲁克林学院的弗兰克·辛纳特拉",把他比作另一个在其与马斯洛完全不同的职业中取得巨大名声的同样来自移民家庭的孩子。马斯洛经常邀请学生去他附近的家中进行一些非正式的聚会,后来又首次使用学生评估的方式帮助确定教授的胜任力。

马斯洛主要教授人格理论和变态心理学。他与移居到美国的精神病学家贝拉·米特尔曼(Bela Mittelman)一起,主要以新弗洛伊德主义理论家,包括阿尔弗雷德·阿德勒和卡伦·霍妮(Karen Horney)的理论为主,合著了一本变态心理学的教科书——《变态心理学原理》(*Principles of Abnormal Psychology*,Maslow & Mittelman,1941)。这本广受欢迎的教科书进一步巩固了马斯洛在学术领域中不断扩大的名声。

马斯洛一直非常感激能够有机会认识许多来自欧洲的流亡的一流精神分析学家和心理学家。1933年纳粹掌握政权之后,几乎所有德国的重要知识分子都为了生活而选择逃亡,许多人定居纽约,并在社会研究新学院获得了职位。"公平地说,我曾经有最好的老师,包括正式和非正式的老师。没有人能像我这样,只是因为历史的偶然,这些欧洲的知识精英为了逃避希勒特的迫害而来到纽约,"马斯洛后来回忆说,"当时纽约真是太棒了,自雅典时期以来从未有这样的状况出现,我认为我对他们所有人都或多或少有些了解"(Hoffman,1988,P.87)。马斯洛渴望交往的那些社会科学家包括格式塔心理学家库尔特·考夫卡(Kurt Koffka)、沃尔夫冈·科勒(Wolfgang Köhler)和马克斯·韦特海默(Max Wertheimer);精神分析学家阿尔弗雷德·阿德勒、埃里希·弗洛姆(Erich Fromm)和卡伦·霍妮;神经学家库尔特·戈尔茨坦(Kurt Goldstein)。在这些所有重要的心理学思想家中,阿尔弗雷德·阿德勒对马斯洛的影响最大。

阿德勒曾是维也纳精神分析协会中与西格蒙德·弗洛伊德断绝关系的第一人。他们两个人从1911年起就成了死敌。在阿德勒看来,弗洛伊德严重高估了性在人格作用中的重要性。阿德勒强调通过掌控环境来克服自卑这一与生俱来的需要。阿德勒创立了自己的理论,称为个体心理学。在20世纪20年代末期将自己的活动基地从奥地利转到了美国,阿德勒也特别强调社会情感在健康人格中的重要性,即个体所具有的利他、怜悯和爱等品质。除了举办一些公开的讲座(这些讲座马斯洛都积极地参与),阿德勒也经常私下设宴款待这位年轻的同事,鼓励他发展关于人的支配性、性行为和自尊的理论。

当时在布鲁克林学院，马斯洛发现许多学生会就自己的情绪问题向他求教。当时心理咨询和临床心理学还不是一个独立的学科，直到卡尔·罗杰斯（Carl Rogers）几年之后在建立非指导性咨询中所做的先驱性工作，并发表了里程碑式的著作《心理咨询与心理治疗》(*Counseling and Psychotherapy*)，才有了不同于精神分析的另一种心理咨询和治疗的选择（Rogers，1940）。因此在自己天赋的基础上，马斯洛主要依靠广泛的阅读和与精神分析学派朋友的交流，为学生提供了无偿、非正式的心理治疗服务。

这些心理治疗服务不仅使得马斯洛感觉自己在非学术研究领域也有一定的用处，而且对于他正在萌芽中的动机与人性的理论也具有非常深远的影响。他越来越发现经典的弗洛伊德主义对人们内心最深处的冲动的解释是不充分的，他开始提出假设"任何天赋、能力，也都是一种动机、一种需要和冲动"（Hoffman，1988，P.145）。

作为一名咨询师，马斯洛通常会推荐大量的日常活动帮助学生去应对压力。他认为舞蹈是一种非常健康的社交方式，有助于释放身体和情绪的紧张。他还建议学生积极参与艺术或音乐这样的创造性活动，因为这些活动能够让人们感到精神振奋和平静。对于在这些领域中没有天赋的人，马斯洛建议他们去听音乐或者去艺术博物馆参观，也具有一定的治疗效果。但最重要的是，马斯洛逐渐认识到，每个个体都需要在能够真正发挥自己天赋的日常活动中感受到一种创造性的完善感。

在同一时期，马斯洛还与哥伦比亚大学的几位杰出的人类学家建立了友谊，包括露丝·本尼迪克特（Ruth Benedict）、拉尔夫·林顿（Ralph Linton）和玛格丽特·米德（Margaret Mead）。这看起来非常令人惊讶，因为马斯洛作为一名训练有素的实验心理学家，居然对人类学感兴趣，但实际上他之前已经在罗斯·斯塔格纳（Ross Stagner）主编的《人格心理学》（*Psychology of Personality*，1937）中发表了"人格与文化模式"（Personality and Patterns of Culture）。在这一章中，马斯洛（1937）坚持文化相对论的原则：每一种文化都是特殊的，所有的价值观都是相对的，因此没有任何一种文化可以认为自己的文化更好，更不能将自己的文化强加给另一种文化。

后来马斯洛很快就坚决摒弃了这一观点并一直如此，但在那个时候，文化相对论是与种族宽容和进步的思想联系在一起的。对于大多数的社会科学家而言，另一种选择似乎就是回到过时的"白人责任论"的观念，这种观点曾为19世纪西方殖民主义提供了道德辩护。同样在这篇文章中，马斯洛还断言，希望科学能够在将来的某一天提供一套新的价值观，替代传统宗教的价值观，来提升所有人的幸福感。这一直是贯穿马斯洛整个职业生涯的核心信念。

1938年夏，马斯洛在露丝·本尼迪克特的指导下进行了跨文化的田野研究。他焦虑不安地将妻子贝莎和刚出生的孩子安留在布鲁克林，和两个同事住在了加拿大保留地的北方黑脚印第安部落。虽然这一研究经历只持续了一个暑假，但它改变了马斯洛的生活和此后的事业，"当我1933~1937年学习人类学的时候，所有人都认为文化是独特的，没有什么科学方法可以去处理它们，也不可能对它们进行概括。"他后来回忆说,"我所学到的最重要的第一课就是,印第安人首先是一个个个体,是人,其次才是黑脚印第安人。尽管毫无疑问他们与其他文化存在着差异,但与共性相比起来,这些差异似乎是很表面的。"(Hoffman,1988,P.111)

与黑脚印第安人的这次接触是一次真正让马斯洛发生巨大转变的经历。一方面,这是他第一次接触不同的文化,有助于他去掉几乎大多数美国学院派心理学家都具有的种族偏见;另一方面,黑脚印第安人所表现出来的合作、非竞争与共享的精神,深深影响了马斯洛,这些都是令人羡慕的,但不幸的是,这恰好是主流北美文化所缺少的品质。

马斯洛后来回忆道:

"我是带着自己的想法进入那片保留地的,我以为印第安人就像是被放在架子上的收集起来的蝴蝶或类似的东西,后来我慢慢改变了自己的想法。那些在保留地的印第安人是非常正派的,我所认识的村子里的白人,才是一群我有生以来见过的最卑鄙无耻的人,我对此了解得越多,就越发发现这令人极度困惑。哪一个才是避难所?谁是看管者,谁是犯人?一切似乎都乱了。"

(Hoffman,1988,P.119)

马斯洛发现,黑脚印第安人和大平原印第安人最基本的共同之处是将慷慨作为最高的美德予以强调。对大多数黑脚印第安人来说,财富的重要性并不是积累财产和物品,而是将其散出去,这样才能给人们带来在部落里真正的名声、地位和安全。在黑脚印第安人的眼里，最富有的人就是那些把自己的大部分财产都分发给他人的人，而且不是一次性的慷慨展示，而是一直慷慨下去。由于马斯洛具有强烈的社会主义者的敏感性，因此这种对于财富的利他和道德的视角对其极具吸引力。

马斯洛回到布鲁克林学院之后，他已经构思好了一个新的以生物学为基础，却超越文化相对主义局限的人本主义的人格研究计划。在结束田野研究几周之后，马斯洛在给社会科学研究委员会提交的一份总结报告中解释说：

> "每一个人生下来似乎并不是一块泥土，而是一个可以由社会来包裹、压制和建设的结构……我现在正在努力思考的一个问题就是基本或天然的人格结构是什么。"
> （Hoffman, 1988, P.128）

动机理论与对和平的追求

在黑脚印第安人部落的经历使马斯洛相信，的确存在可以替代西方主流社会制度的更好的社会制度。他特别想构思一个新的社会机构，可以让人们感到不再彼此隔离，情感上可以更加安全。但很快第二次世界大战爆发，1941年年末，马斯洛决定将对人类动机的理解作为自己对世界的毕生贡献：

> "就在珍珠港事件不久后的一天，我开车回家，我的车被破破烂烂悲惨的游行队伍挡住了……看到这些，我的眼泪不由自主地流了下来。我觉得，我们不能理解德国人。我觉得，如果我们能够理解，那么就能够取得进

步。我想象有一张和平的圆桌,人们围坐在一起,讨论人性、憎恨、和平和兄弟情谊……我认识到,我的余生必须致力于发现一种为了和平圆桌的心理学。"(Hoffman,1988,P.148)

在接下来的几年,马斯洛非常高产。他提出了著名的需要层次理论,以及自我实现这一概念,并将其看作人类最高层次的动机力量。马斯洛明白,他已经闯入了精神世界这一未知的领域,而且还没有任何一位心理学家试图用这样一种大胆的方式去综合所有已有的理论。从本质上来说,马斯洛假设,每个人天生都具有一定的包括生理需要在内的基本需要,比如安全需要、归属与爱的需要和自尊需要。他认为,这些基本需要是有层次的。

"没有面包的时候,人们的确是为了面包而活着,但当有了充足的面包,肚子吃得饱饱的时候,人们的欲望又会是什么呢?另外一种(更高级的)需要就会出现,这时候主宰有机体的就不再是生理上的饥饿了。当这些高级需要得到满足之后,又会出现新的需要(更加高级的)。"(Hoffman,1988,P.155)

马斯洛在其职业生涯中期最伟大的概念构思就是自我实现。最初在与露丝·本尼迪克特和马克斯·韦特海默的个人交往中,马斯洛对这些非常成功而且对社会非常关心的人的动机非常好奇,后来就非常想将他们的动机搞清楚。最后他确信,没有任何一种经典的弗洛伊德主义或新弗洛伊德主义可以充分对此进行解释。马斯洛认为:

>"如果个体最终要心平气和，作曲家就必须作曲，画家必须画画，诗人必须写诗。一个人能成为什么，就必须成为什么。这种需要就是自我实现，它指的是能够真正实现自己的潜能，成为一个人能够成为的样子。"
>（Hoffman，1988，P.155）

马斯洛对他不经意发现了精神世界的新领域极度兴奋。他坚信通过研究情绪健康的人，心理学可以更好地了解人类的高层次动机，而对动物的研究和对严重的心理困扰者的精神分析都无法提供这方面的知识。鉴于此，他开始阅读历史上被公认的圣人、智者和科学家的传记来寻找他们在思想和行为上的共同之处。作为一名一直反对宗教信仰的社会科学家，他发现自己很难在思想上转过这个弯来。但马斯洛强烈地感觉自己是正确的，不管自己那些比较保守的同事说些什么。

在这种情境下，马斯洛写了下面这段话：

>"如果我们想回答'人类能够长多高'这一问题，很明显我们最好找出那些已经是世界上最高的人再去研究他们。如果我们想知道人能够跑多快，就不能使用人们的平均跑步速度来研究。去观察那些奥林匹克运动会金牌得主能够跑多快则更为有效。如果我们想知道人类精神成长、价值成长和道德发展的可能性，我认为我们应该去研究那些最有道德的人或最为圣洁的人。"（Hoffman，1988，P.185）

20世纪40年代中期,马斯洛突然罹患了一种非常神秘、非常严重的疾病,他不得不离开布鲁克林学院几年去进行治疗,他和妻子贝莎、孩子安和艾伦搬到了加利福尼亚州乡间的普莱森顿,那里有马斯洛家制桶厂的一个分厂。马斯洛的弟弟们慷慨地为他的家庭提供了支持,并给了他一份比较简单的管理工作,负责监督修理附近葡萄酒酿造厂使用的木桶。最终他的健康得以恢复。马斯洛开朗的性格特征和很强的销售能力,给他的弟弟们留下了很深的印象。他们希望他能够成为这家成功企业的永久性合伙人,但出于继续大学教学与研究的渴望,马斯洛善意地拒绝了他们的提议。但在马斯洛家族企业中所学到的日常实践知识为他后来提出管理理论发挥了重要的作用。

在返回布鲁克林学院之后不久,马斯洛就得到了波士顿附近布兰迪斯大学新成立的心理学系系主任的职位。这是一个非常令人兴奋的机会,因为他能够在相对比较年轻的学术年龄(43岁的时候)就去组建一个系。在布鲁克林学院,马斯洛常常感到被实验心理学的同事们所孤立,而且沉重的教学任务也让他感觉不堪重负。现在他可以非常高兴地与人文社会科学的同事们相处,他们有着广泛的共同兴趣。

正是在1954年,马斯洛撰写了《动机与人格》(*Motivation and Personality*)这本才华横溢、影响深远的巨著,这是对马斯洛大约15年关于人性理论研究的一个整合。此书的出版立即使马斯洛赢得了国际声誉。他的语调大胆而自信:

> 心理学在消极方面所取得的成功远胜于在积极方面……心理学为我们揭示了太多人类的缺陷、疾病、罪

恶，却很少揭示人们的潜能、美德、可实现的愿望或心理健康……如果无法摆脱对于人性狭隘、悲观的偏见，那心理学会成为什么样子？（Maslow, 1954, P.354）

马斯洛还基于其潜在的观点在《动机与人格》一书中提出了许多新的研究计划，马斯洛观察到：

> 我们曾花费了大量的时间研究犯罪。为什么不研究遵守法律、社会认同、社会良心呢？……除了研究美好生活体验，比如婚姻、产子、恋爱和受教育等的治疗效应以外，我们还应该研究不良体验的治疗效应，特别是悲剧性经历，还包括疾病、剥夺、挫折等类似的不良体验。健康个体似乎能够很好地利用这些不良经历。
> （Maslow, 1954, P.371）

这本书被普遍认为是20世纪50年代心理学最重要的成就之一，其所包含的思想，特别是需要层次理论和自我实现，对正在发展的心理咨询领域产生了巨大的影响。与戈登·奥尔波特（Gordon Allport）、埃里希·弗洛姆、罗洛·梅（Rollo May）和卡尔·罗杰斯等志趣相投的同事们一起，马斯洛也开始成为富有创新精神的乐观主义人性观的代表人物。他们的核心观点是人格成长理论，即在青少年晚期身体发育停止之后，人格的发展还会持续很长时间。到20世纪60年代，这些理论家都成了"人本主义心理学"或"第三势力"（相对于之前的精神分析和行为主义两种势力而言）这一新的理论流派的代表人物。

高峰体验与精神性

从开始研究历史上的自我实现者起，许多人都曾报告过非常神秘的经历，马斯洛对此十分好奇，但由于对宗教的一贯怀疑，马斯洛最初对此并没有太注意。但是到20世纪50年代，这些发现看起来非常一致又非常令人困惑，马斯洛觉得有必要对此进行研究。他开始先访谈了一些大学生和其他人，惊奇地发现，许多人都曾在生活中经历过极度快乐和有意义的时刻。但这些时刻的"触发器"确实是差异巨大的，从春日阳光下的悠闲散步到聆听迷人的音乐。但令人震惊的是，这些人用来描述这一极度快乐体验的词语却与历史上那些著名神秘主义者所使用的词语非常一致。

在1956年出版的一篇专业论文中，马斯洛将这些令人狂喜忘形的时刻称为"高峰体验"，并提出高峰体验是理解个体未实现的内在潜能的关键（Maslow，1959）。他描述了高峰体验的大约20种共同特征，并将其与内在的完全健康联系起来。在抽样报告的基础之上，这些特征包括暂时的时空迷失、惊奇与敬畏感、巨大的幸福感，以及面对宇宙的辉煌——尽管很暂时，却是完全的无畏感和不设防。人们还普遍提到两极对立的方面，如友善与罪恶、自由意志与宿命似乎都在这些时刻被超越了：所有一切都处在一个辉煌的统一体之中。

最后，也许是其论文中最重要的方面，马斯洛指出，高峰体验常常会给个体留下巨大的影响，使其产生巨大的变化。"即使很多时候我们感觉生活单调乏味、平淡无奇、痛苦或不爽，但如果生活中确实存在美、真和意义，一般来说个体很容易感到生活是有价值的。"（Hoffman，1988，P.226）也许是忘了威廉·詹姆斯开创性的工作,马斯洛认为,这种体验"在人类历史上有很多的记录,但就我了解,从来没有引起过心理学家或精神病学家的注意"(Hoffman, 1988, P.226)。

接下来的几年,马斯洛进一步拓展了他的理论视野。他提出,在这些超越性体验时刻,人们能直接了解人类的最高美德与理想(他称之为"存在性价值"),包括美、正义和完满。相反,我们的日常生活却被不重要的匮乏性价值,比如恐惧和怀疑等主导。他还推断,相比那些苦苦与内在冲突斗争的个体,情绪健康者更有可能经历这种狂喜的神秘体验。这一思想的影响已经远远超出了学术界的范围。

不容置疑的是,马斯洛的著作《存在心理学探索》(1962/1968b)对此起到了巨大的推动作用。这本书收集了他过去8年的文章与演讲,非常畅销,在1968年普通版出版之前总共销售了20万本。这本书一开篇就令人鼓舞:

> 每个时代都有自己的榜样和英雄。所有这些榜样和英雄都是通过文化而赋予我们的——英雄、绅士、爵士、神秘主义者。我们留下的都是适应良好、没有任何问题的人,是非常苍白可疑的替代品。也许我们能很快将发展完善的自我实现者作为自己的指南和榜样,他们的潜能得到了充分发展,内在天性得到了自由的表达,而不是被歪曲、压抑或摒弃。(P.5)

《存在心理学探索》是被广为传阅的一本书,不仅让人们感到鼓舞,也改变了人们的生活。受其影响的人远多于实际阅读过此书的人。像自我实现和高峰体验这样的术语成为英语的流行语，塑造了20世纪60年代的社会风气。随着马斯洛思想崇拜者的推崇，很快几乎所有的美国大学生都听说了这些术语。

在晚年，马斯洛提出了一个新的视角，他称之为"超个人心理学"，主要关注精神性和"人性能达到的最高境界"。他是这门新生学科的主要创始人，因为他感觉人本主义心理学不能充分解决精神关怀的问题。他认为：

> "人本主义心理学研究的一切都是能感觉到的、理性的、符合常识、富有逻辑的，有实证的支持而不是超越性的。你可以钦佩和尊敬斯堪的纳维亚，却不能爱它，不能崇拜它，美好的、现世的、合乎理性的智慧能做的一切都已经做了，但这却不够。"（Hoffman, 1988, P.282）

马斯洛对高峰体验和异乎寻常的心理状态，比如冥想等的开创性研究，使得有关神秘主义的研究一下子赢得了科学的尊重。除了20世纪初期威廉·詹姆斯之外，还没有北美的心理学家对宗教体验表现出赞同的兴趣。1964年，马斯洛出版的著作《宗教信仰、价值观与高峰体验》（*Religions, Values, and Peak-Experiences*）获得了广泛赞誉。他将高峰体验置于精神性的核心，认为那些罕见的超越性的体验也具有重要的治疗潜能：

> 高峰体验可以永久性地影响我们对生活的态度。对它的简单一瞥足以让我们满足，即使永远不能再次体验。

我强烈怀疑，有一次这样的经历就能够预防自杀……以及许多慢性的自我毁灭行为，包括酗酒、药物成瘾和暴力成瘾等。(Maslow, 1964, P.75)

开明管理的创始人

马斯洛对人格与动机的乐观主义视角也吸引了正在初步发展的管理理论领域的众多研究者，包括道格拉斯·麦格雷戈（Douglas McGregor），他是麻省理工学院的教授。他在出版于1960年的里程碑式著作《企业的人性面》（*The Human Side of Enterprise*）一书中介绍了两种不同的管理理论：X理论，认为人天生是懒惰和自私的；另一种是Y理论，认为人天生是富有创造性和合作性的。在介绍Y理论的时候，麦格雷戈显然认同了马斯洛对人性的看法。

不久以后，马斯洛被邀请去非线性系统公司（Non-Linear Systems）考察他的理论在现实中的试验，这是一家位于南加利福尼亚的高科技企业。企业老板按照Y理论原则对企业的工作环境进行了组织。员工的创造性、合作性和自我引导能力都得到了最大的鼓励。那里也特别强调员工培训与技术发展，甚至还有一个"革新创造副总裁"。

在非线性系统公司期间，马斯洛详细记录了自己的观察并就他正在阅读的现有管理学书籍写下了读后感。一部书稿就慢慢形成了，其所涵盖的主题从提升员工动机的方法到团队决策以及领导心理学。他还讨论了自己在加利福尼亚马斯洛家族制桶公司担任工厂经理和销售员时的经历，也许最为重要的是，他详细阐述了"协同作用"(synergy)这一概念,这是人类学家露丝·本尼迪克特 1941 年在其未发表的一篇文章中首次使用的一个概念,指的是奖励合作并使所有人都受益的文化。

本尼迪克特的这一观点除了马斯洛、玛格丽特·米德和她的一些私人朋友之外,并不为其他人所知晓。现在马斯洛将协同作用看作管理和组织中人际关系的根本原则。非线性系统公司似乎清晰地证明了,公司和员工的利益可以通过马斯洛所说的"开明管理"(enlightened management)而统一起来。

这部书稿以《优心态管理》(*Eupsychian Management*)为名出版(Maslow,1965,优心态指的是马斯洛所说的理想的社会或组织)。尽管这个题目让人感觉有些害怕,但这本书使得马斯洛赢得了北美管理教育和培训界人士的赞扬,而且最后在日本得到了同样的赞誉。许多管理咨询的邀请也纷至沓来。尽管对这些反应感到非常满意,但马斯洛对此依然非常现实,至少比他的崇拜者们更加冷静一些。他认识到,人本主义取向在一定程度上依赖于良好的条件,国际经济和国内市场的任何一次突然倒退都可能会使开明管理站不住脚。

在《优心态管理》出版到马斯洛突然去世的 5 年之间,马斯洛作为迅速发展的人性化工厂运动(movement to humanize the workplace)的发起人享有广泛的国际声誉。1966 年,他被选为美国心理学会主席。然后他又开始建立一个新的理论概念:Z 管理理论。从本质上讲,马斯洛认为麦格雷戈所描述的 X 理论和 Y 理论都是不正确的。相反,随着人们向自我实现发展,他们在工作中的心理需要也会发生相应的变化。例如,单纯的工资增长对于那些受更高层次需要（马斯洛将个体对于创造性、新颖性、自主性和自我表达的需要称为超越性需要）驱动的个体而言已经没有多少意义。马斯洛确信，北美的工厂正在稳步变化，逐渐认可人的人格与动机。

1967年年底，在遭受了一次严重的心脏病发作之后，马斯洛感觉自己的生命可能不会长久了。尽管如此，他依然拒绝显著放慢自己的工作节奏，仍然坚持繁忙地写作、演讲和咨询。肩负着人本主义事业对世界改良与和平重要性的紧迫感，他甚至从来没有考虑过半退休。但是，他选择了从布兰迪斯大学病休，接受了总部在加利福尼亚帕罗奥图附近的萨迦公司创办者兼所有人的一项为期4年的慷慨资助。

1969年年初，马斯洛从波士顿地区搬了回来，最后的几个月他过得很幸福也很有成果。他和贝莎积极参加各种社会活动。尽管因体力不支而无法承担任何重大的研究计划，但马斯洛依然忙于通过口授记录下与他广泛的事业兴趣相关的大量理论和应用性课题的探讨。当时他还希望健康状况能够得到充分改善，能够去很多国家游历，进行新的跨文化研究，但这一愿望永远不能实现了。1970年6月，马斯洛由于心脏病突发在家中去世，留下了大量没有完成的论文和研究计划。

FUTURE VISIONS
The Unpublished Papers of
Abraham Maslow

I
第一部分

人格、成长与治疗

在马斯洛对心理学和更为宽泛的社会科学的众多贡献之中，他特别强调文化影响着人的动机与人格。特别是在他非常熟悉的哥伦比亚大学人类学家露丝·本尼迪克特的影响下，马斯洛后来在探讨个体的人格与文化为何总是密切相关时，明确阐述了协同效应和优心态这两个概念。这篇未出版的短文写于1970年6月4日，即马斯洛因心脏病突然去世的前四天。这篇文章体现了他在文化与人格这一跨学科领域中最具有影响力的思想观点。

FUTURE VISIONS

01

我早期对文化与人格的理解

我对优心态社会的思考越多，就越发感受到1932年前后在威斯康星大学所接触到的社会人类学对我的影响有多么深远。当时是我第一次阅读布罗尼斯拉夫·马林诺夫斯基（Bronislaw Malinowski）、玛格丽特·米德、露丝·本尼迪克特和拉尔夫·林顿等人的著作。这对我产生了巨大的启迪。我曾在各种心理学讲座上讲过这一新的发现。我觉得心理学当时已经存在严重的优越感。我决定成为一名兼职的人类学家，因为这对于成为一名优秀的心理学家而言似乎是必不可少的，否则你就只能是一只井底之蛙。我记得自己对很多人讲过这句话。

正是在这段时间，我研究撰写了可能是美国心理学家的第一篇关于人格与文化的文章，这篇文章也成了罗斯·斯塔格纳的《人格心理学》教科书中的一章。在这本教科书出版之前，我实际上已经积累了大量的相关素材，给斯塔格勒的教科书撰写的这一章实际上是高度概括与凝练的（Maslow，1937）。

我在威斯康星大学对于人格与文化的理解也是我在纽约市立大学二年级时思想的延续。因为我当时读了威廉·格雷厄姆·萨姆纳的著作《社会习俗》。我是在一个极度偶然的情况下看到这本书的，当时我选修了莫里斯·拉斐尔·科恩（Morris Raphael Cohen）教授的"文明的哲学"课程。我当时非常崇拜他，很希望能够跟随他做研究。但是去上课的时候我才知道科恩教授休假了，由斯科特·布坎南（Scott Buchanan）教授代替他上课，而布坎南教授指定的教材就是《社会习俗》。

布坎南当时究竟讲了些什么我一直没有弄明白，可能这本书对我来说太难了，因为当时我并没有足够的背景知识。但也有可能是因为他思维比较混乱（我现在知道是这样），所以我一直没有搞明白他到底在讲什么。不管怎样，当时我把这门课程困难的原因归结于自己，最后放弃了这门课程。但我也因此喜欢上了萨姆纳的这本书，这也使得这门课程成了我所学过的最重要的课程之一。

我一点点啃完了《社会习俗》这本书，但不能完全理解。我又回过头一遍一遍地看。后来一天晚上我正一个人在家具厂上班，当时我在这个家具厂兼职做守门人,当再次读到《社会习俗》时,我突然迸发出了强烈的敬畏与赞赏,我体验到了一种浑身发冷、毛骨悚然的"高峰体验",当时我并不只是感到"快乐",还有一种很怪异的感觉,一种渺小、无能的感觉。

当时,我立下誓言:像萨姆纳那样去做。虽然500年以前可能已经有人这样说了,但在当时,这样的誓言依然算是一种雄心壮志。我发誓要为哲学、心理学和人类学做出像萨姆纳一样的贡献。为什么是这三个领域,我已不记得当时是怎么想的了。但那天晚上,优越感就像破衣服一样被我抛弃了,我成了一个世界公民。

如果我当时在亚瑟王的宫廷之中,我想我会执剑在祭坛前彻夜守候。这就是那种精神。无论如何,我已经践行一生。

亚伯拉罕·马斯洛强调人格研究应该以健康情绪而不是病态心理为基础，这一主张使其声名远播。在应用这一主张的过程中，马斯洛一直试图在日常生活中寻找具体的例证。在这篇撰写于1964年的未发表文章中，马斯洛从新的角度对人们普遍关注的问题——幸福进行了阐述。

FUTURE VISIONS

02

幸福心理学

传统的享乐主义将幸福定义为没有任何痛苦的、纯粹的快乐状态，这一观点是时候被抛弃了。我们必须对幸福重新进行定义并丰富其内涵。我的主要观点是，高/低水平的"牢骚"，即"抱怨"是整个问题的关键所在。英国作家柯林·威尔逊（1959，1964）曾把幸福这一概念定义为"圣·尼奥特的边缘"或"无差别阈限"。

传统的幸福定义最大的问题是：我们无法在心理上认识到当前所拥有的幸事。因此而衍生的问题就是：如果无法意识到当前的幸事，那么我们会感到幸福吗？我们是否只有在回忆往事的时候才会感觉到幸福呢？现实似乎真的如此，我们只有身处不幸之中时才会意识到之前的幸福，才能体会到我们早前就应该体会到的幸福。这又使幸福的定义产生了一个问题：我们是否应该把幸福定义为一种存在于回忆之中的概念？

我们必须对幸福重新进行定义，以便可以将以前认为理所当然而逐渐在我们的日常记忆中忽略和遗忘的幸福包括进来。同样，学习一些内在的技巧让这些幸福重新回到我们的意识之中也是非常有用的，可以使得我们重新认识到自己的福分而不再想当然。

一般来说，我们对痛苦的体验往往超过对于快乐的体验，但同样重要的是，我们也要明白，痛苦、丧失、挫折、抱怨和牢骚远比满足更容易进入我们的意识。另一个重要的问题是，随着逐渐熟悉，我们的满足会失去它的"高峰"，失去其异乎寻常的体验，逐渐散入我们的前意识之中。比如在生活中，我们欣赏音乐时就常常会出现这种现象。

尽管真正的幸福稍纵即逝，但在我们的记忆之中它们依然非常鲜明，像被反刍的食物一样，随时都可以被想起、被重新体验与感受。这一理智的意识过程，是我们每个人都可以学会的。同时也是一种拓宽和丰富我们日常生活体验的途径。

超越享乐主义

我认为，享乐主义的幸福定义是错误的，因为真正的幸福必定隐含着各种各样的困难。即便伴随着失眠与紧张，人们依然愿意承受创造所带来的"痛苦"。即便人们常常会因为孩子带来的各种麻烦而伤心，却不愿意没有孩子。尽管除了自己的痛苦以外，我们不可避免地要分担家人和朋友的痛苦，但我们依然爱着他们。因为这样的情境远比我们孤独终身要美好得多。因此我们在重新定义幸福和"好的生活"时，必须包含这种种的不幸。

尽管贝多芬为了音乐经历过无数的痛苦，然而有谁不想成为贝多芬呢？换句话说，谁会愿意因为创造过程中短暂的痛苦而放弃创造永恒音乐作品的权利呢？当然，避免生活中的各种苦难也是可能的，我们可以像母牛一样生活，平静而祥和，不需要流一滴汗水。只要进行大脑前额叶切除手术就可以实现。

因此，我们必须学会享受"更高层次生活或创造过程中的痛苦"，面对生活中真实的问题而不是虚假的问题。这可能吗？我认为是可能的，如果我们把这些问题放在更加广阔的整个生命的过去、现在和未来的格式塔之中去看待的话，如果能把这些问题与其他人的问题进行比较，并从整个宇宙的角度来看待的话，这些问题就能够获得其适当的位置，我们也就有可能体验到享受更高层次生活痛苦的悖论。没有痛苦的生活不是真正的生活，浑浑噩噩、枯燥无味绝不是生活。

在我看来，人性必然是不断追求极乐。我们必须抛弃对于永恒的满足与宁静的追求，因为高峰体验只是一种瞬时的体验。比如生孩子就需要冒很大的风险，在孩子出生之前，我们会充满各种担心，孩子出生之后会不会是残疾的，会不会有病，甚至会不会胎死腹中。既然如此，"我们为什么要自讨苦吃？"

恋爱和婚姻面临同样的问题，"为什么要给自己找事""为什么要自惹麻烦"。我认为问这样的问题恰恰是自欺欺人，必然导致走上不幸生活之路。

我认为，自我实现的人从心理上很高兴接受这些所谓的"麻烦"，而且与现实当中无聊、孤独和空虚的生活所带来的痛苦相比，这些所谓的"麻烦"要精彩太多。尽管友谊和爱情可能真的会给我们带来痛苦，但内在的空虚感远比复杂的友谊和爱情更加糟糕。

我曾经为一个苦恼的少年做咨询，他说："如果我被汽车撞了，那么所有的烦恼都没有了，所有的一切都将就此结束！也许这样会更好！"但让我们想一下，这个少年也必将错过一切美好的东西，一切会给他带来快乐的生活"烦恼"。能够为一些值得担忧的东西担忧，远比没有任何事、任何人值得我们担忧美好得多。

例如，为身外之物担心意味着我们忘记了自我，这恰恰说明我们的意识状态良好。自我之外没有任何东西能够引起你的兴趣，能够让你兴奋或忧虑，这说明你已经完全陷入自己的自我意识之中，而这才是最糟糕的情绪状态。

因此，我们也许应该把幸福重新定义为攻坚克难时真实的情感体验。

很显然，直接追求幸福的行为并不是从心理上获得有价值生活的一种有效方式。相反，幸福可能只是一种副产品、一种附带现象、一种顺带而来的东西。能够使自己回过头来认识到自己原来很幸福（尽管当时可能并没有认识到这一点）的最好方法就是，让自己全身心投入到一份有价值的工作或事业之中。

另一个例子就是我对女性在自然分娩时所经历的"有价值的"痛苦的研究。一位女性报告说她的痛苦是"有意义的"，因为这种痛苦有着很好的理由：它给予了自己想要的孩子。这种痛苦表明是她而不是工作的产科医生正在分娩。这也是她自己的成就和骄傲。

那么，这位女性对于自己承受的非常真实且极度疼痛的生理痛苦的态度说明了什么呢？这种痛苦不能完全被看作仅仅具有负面意义的痛苦，因此，现在的问题成了"这种痛苦出现的原因是什么""这种痛苦有价值吗"。

我又想起了另外一个例子。第二次世界大战的时候，我的同事戴维曾在一艘潜艇上服役。一天晚上，他坐在潮湿的散兵坑里冻得发抖，突然他一下子体会到了所承受的这一切痛苦的价值所在。他不再只盯着自己眼前所承受的痛苦，而是将自己的从军生涯放在一个更加广阔的情境和格式塔之中去看待，将自己所遭受的这些生理上的痛苦看作为了实现伟大目标的一种有价值甚至是很有尊严的方式。他当时非常激动，并重新体验了爱国主义所带来的兴奋。

还有一个例子，一位坚强的职业拳击手会在受到别人拳头猛击的时候感到非常自豪，因为这表明他可以"承受这些"。他会向你敞开自己的胸膛，"用你最大的力气来打！"然后骄傲地微笑着，表明你根本没有伤害到他。实际上，如果人们在一场光荣的战斗中获胜，他们甚至可能会因为自己身上的累累伤痕而感到自豪。妊娠纹也属于这一类。它们都可以被非常浪漫地看作一种美好而光荣的象征，好像它能够使一个人有资格成为某个梦寐以求的组织中的一员。此时，伤疤既是一种证明也是一种象征，人们会因此而自豪。

最后，我还听到一些年纪比较大的母亲在看到其他小孩子玩耍的时候充满遗憾且无限怀念地说："多希望在自己孩子小的时候能够体会到他们是多么可爱啊。当时真的不应该为了他们时时刻刻、日复一日令人恼火的行为而烦躁，现在我觉得他们那时候多可爱啊！我当时多么幸福啊！"

鉴于此，我们应该从另一种视角来看待幸福。为什么？从理论上讲，就像观察一个人必须将其放置在某个背景之中一样，我们也要把当前的活动放置在一个更加宽广的背景中去看待。这些当时一直因为自己的孩子而烦躁担忧，而不是享受与他们在一起的时光的母亲，从某种意义上讲，实际上就是目光太过于局限。她们应该采用时间-格式塔的视角来看待问题：孩子终有一日会长大。她们也应该有这样一种普遍的前意识认知，拥有一个可爱的孩子是多么大的一种特权，是多么大的一种幸运，因为没有孩子也完全是可能的。

从无法生育的夫妻那里，我们才能知晓不能生育孩子是多么痛苦的事情。很多无法生育的夫妻在看到别人的孩子时会非常开心，他们经常会克服各种困难去收养一个孩子，实际上就是"花钱购买"抚养孩子的各种烦恼和麻烦。这个例子也清楚地表明，有时候我们只有在先经历了一段挫折和渴望之后，才能真正体会到满足的喜悦。

所有这一切都表明，幸福远不止像享乐主义所定义的那样简单——仅仅只是没有痛苦而已。是时候从一个全新的心理学视角来研究幸福了。

马斯洛一生都以自己是一位科学家和基于对人性实证研究的思想家而自豪。他完全拒绝那些看起来很有吸引力但缺乏效度的心理学概念。对于自己的自我实现理论，当然也不例外。在这篇写于1966年未出版的文章中，他试图进一步阐述人本主义心理学中一些没有得到证实的假设、公理和信念。

FUTURE VISIONS

03

对自我实现理论的批评

多年以来，我一直认为人本主义心理学的一些默认前提假设应该被拿出来进行公开讨论，而且我也认识到，睿智的哲学家们可能已对这些未被证实的前提假设提出了质疑。在本文中，我会对人本主义心理学的几项特征和前提假设进行批判。

应该明确的第一个问题是，人本主义心理学的整个模型和自我实现理论都建立在人有求生欲望这一假设之上。而当一个人求死的欲望非常强烈时，这一心理学体系整体上就站不住脚了。因为这样一来，明显不可能存在自我肯定而且也终结了高峰体验，而这些正是使我们的生命富有价值的所在。总之，无论是长期痛苦的积累，还是因为高峰体验和快乐的缺乏，当生命不再被认为是有价值的时候，人本主义心理学就变得一文不值。因此人本主义心理学只是针对那些渴望生存和发展的人的，是为了让他们生活得更加幸福、更有意义、更爱自己，实现自我潜能，使自我得以全面提升而倾向于完美，即使这一点永远不可能完全实现。

第二个问题是，人本主义心理学假设人的本性是不变的，至少部分如此。因此人本主义心理学很自然地将本能理论作为其具体的理论形式。但本能理论同时也是能力与需要理论的具体形式，即个体不断地"想要"表达和实现自我。这一模型完全拒绝了让－保罗·萨特（Jean-Paul Sartre）所信奉的完全的相对主义和专断的存在主义概念。相反，我认为人的本性并不是无限可塑的，而是具有一定的确定性。

自我实现理论的第三个假设是个体差异的多元性。这一假设要求我们愉快而不是心存芥蒂地接受个体在遗传、体质和气质方面的差异。这种对于个体差异的真实接受具有多重重要的启示，需要简单加以阐释。

其中，人格的发展是"园艺式"的，而不是"雕刻式"的。不管是在心理治疗、咨询、教育领域还是在家庭生活中，这一观点对我们都具有指导价值。我们应该努力将玫瑰培育得更好，而不是想方设法将其变为百合。这一观点也恰好暗合了主张应该接受人的实际状态的道家思想，即便一个人与你完全不同，面对他的自我实现，我们也能感到巨大的喜悦。这甚至意味着对世界上的每一个人的神圣和唯一性的终极尊重和承认。

例如，我最近曾去罗得岛大学访问，参与了他们心理学系的一场讨论。他们对于博士学位这一概念的理解非常单一，好像只有一种博士，只有一种标准的模式。我对此进行了严厉的抨击。我指出，这个世界上存在各种各样的天才，而且我们也确实需要不同的能力。如果美国所有的心理学系都信奉唯一的博士标准，那么90%潜在的心理学家可能都被排除在外了。我们所谓的高标准实际上只是一种将大多数有志于成为心理学家的年轻人拒之门外的手段而已。

如果一个心理学系完全依靠统计和实验技能来评价研究生，就像是根据学生是否有蓝色的眼睛或好的胆囊来评价学生的逻辑一样。

我曾在另外一个场合谈到过如何培养优秀的职业拳击手。我的观点是，教练应该首先观察这个人的先天特征，然后努力将其塑造成一名具有个人特色的职业拳击手，而不是让其改变自己，遵从一般的抽象性的职业拳击风格。

总之，人本主义心理学主张应该按照人的本来面貌来接受一个人，治疗师应该被看作道家式的帮助者，努力让人们按照自己的方式生活得更加健康和富有成效。

应该明确强调的第四个问题是，在评价个体情绪健康方面，我们是否只是简单地将自我实现理论与传统的犹太教与基督教所共有的价值观结合了起来。在这方面，我经常被指责只是根据我自己发现他们是否令人喜爱来评价个体的自我实现水平。

我的回答是，迄今为止，自我实现模型不仅是跨文化的，而且是跨历史的。在日本和北美黑脚印第安人这些相差甚远的文化中，我发现他们在描述圣贤时具有显著的相似性。当然，我的研究可能深受抽样错误及自己价值观投射其中的影响，因此我们必须非常严肃地看待这一问题。

自我实现理论的第五个问题是一个我的还未得到证实的观点：神经症应该被看作一种防御机制，而不是人性的基础，而且神经症应该被看作是对真实自我、更深层的自我、完满人性、成长和自我实现的防御。

根据这一假设，我坚持认为，有效的心理咨询和心理治疗应该是道家式的，是发现而不是去塑造、浇铸或教导。当然，纯粹的道家思想原则上是不可能的。但成功的咨询师和治疗师应该朝这个方向去努力。真正地尊重他人的内心，将自己看作产科医生、园艺师或接生婆，只是帮助来访者发现自己，帮助他们按照自己的风格成长，达到自我实现。

有趣的是，积极的人格特质都可以通过这样的内省与洞察得以增强和确认，包括自尊、安全感、爱与被爱，以及爱与被爱的需要认知等。相反，消极的人格特质，例如残忍、施虐狂或受虐狂等，都能够被道家这种内省式的心理咨询与治疗的方法成功消灭。实际上，这便是将前者看作人类的内在特征，而将后者看作反应性和病态性特征的关键所在。

基于此，一般的神经症甚至是不法行为，都可以被看作为了满足基本需要和超越性需要，只不过是因为焦虑、恐惧和缺乏勇气罢了。

第六，我认为无论在什么情况下讨论自我实现，人们都必须有价值观的选择权，这样的话，他们就会更有可能选择存在性价值观（being values）而不是神经质的价值观。当然，这个观点马上会引出"良好的条件"这一问题，它包含了多层含义。最直接的就是选择的良好条件，使人们能充分掌握信息、了解真相、不能隐藏任何有用的信息。这不仅适用于那些使新闻报道带有倾向性色彩的政府，也适用于在美国只有一家报纸的一些地方，或带有垄断性质的公司或劳工组织。同时，选择的良好条件也意味着人们能够在不受任何恐惧威胁和社会压力的情境下做出选择。

但同时我也必须考虑"好的选择者"，或者至少是"比较好的选择者"。我曾多次提到，动物园管理者希望他们的老虎"真的像老虎一样"，他们的马"真的像马一样"，他们与动物学家一样很容易理解这一概念，而且认为是天经地义的。只有哲学教授才会认为这一概念难以理解。最终如果要系统地阐述这一问题，必须考虑人们试图回避的究竟是什么？追求的又是什么。从这一视角来看，人们追求的显然就是自我实现。

第七，我必须非常坦率地承认，到目前为止，我们还没有办法能够客观地区分健康的高峰体验与躁狂发作。虽然我们可以通过现象学发现，躁狂发作掩饰了绝望、恐惧和抑郁，但这对于拒绝接受人本主义心理学的人而言，这并不是令人信服的客观事实。在某种程度上，区分健康的高峰体验和神经质或精神性的癫狂存在同样的问题。虽然我们已经有了更好的现象学和人格评估的技术，但这个问题依然是整个人本主义心理学体系中的薄弱点之一。

因此我现在发现，不仅要在人本主义心理学体系中引入高峰体验这一概念，而且必须包含能够将其与其他概念区分开来确认并证实其有效性的方法。这意味着必须对个体进行追踪调查。具体来讲就是要引入时间变量，而且通过观察个体随后出现的反应引入有效高峰体验的概念。例如，随着时间的推移，个体对于致幻体验会越来越没有兴趣。这种由化学物质所引起的极乐体验不会像"自然的"

高峰体验那么持久。

将这一问题阐述清楚的一个很好的方法，就是使用现代的科学仪器，因为对所有的灵感、阐释、高峰体验和洞察都必须从外部证实、检验和确认其有效性。目前我们所知道的完成这一任务的唯一方法就是考察个体在阐释之后发生了什么，并一次又一次地对其进行检查。这一观点在古老的宗教信仰中也有体现，"应该如何区分我们内心的声音是来自上帝还是恶魔"。答案就是看在这个人身上后来到底发生了什么。

第八，在这个问题的讨论中，我最终发现问题在于方法。也就是说，选择安全或不安全的个体并不是完全取决于我的价值观吗？我并没有在个人意愿的基础上选择自我实现的被试吗？我并没有将自己的价值观融入自我实现理论之中吗？

我必须要回答的是，我只能以自己的直觉开始，并忠实于自己的判断，这一点是绝对没有问题的。但这仅仅只是开始，随后在直觉的启发下，发展出更加客观和具有描述性的技巧完全是可能的。例如，我曾经使用埃弗里特·肖斯通（Everett Shostrom，1963）的自我实现测验（test of self-actualization）和詹姆斯·布根塔尔（James Bugental，1965）在"成功的"心理治疗中关于自我实现的发现。

科学是分工合作的，当我提出一些有价值的观点时，就像我之前对自我实现者的描述一样，同行的科学家接下来就可用较少的激情和卷入的方式继续前进，能以更加冷静的科学方式检验我的观点和直觉是否正确。如果只有聪明的想法和假设的科学家而没有科学，那么我们就只有一堆聪明的想法，而没有任何标准对其进行筛选。

第九，阿道夫·艾希曼（Adolf Eichmann）现象经常被用来反对人本主义心理学。问题通常是"如何看待纳粹分子宣称他们所做的只是履行职责而已？""如何评价遵守命令忠于职守这样的价值观呢？"很明显，我必须引入人类的缩减（the diminished humanbeing）这一概念，实际上，这一概念对于理解整个人本主义心理学体系至关重要。

终极的存在价值并不仅仅是由那些"比较优秀的人"决定的，而是由最优秀的人决定的，我想我必须接受这一事实。我们也许可以把自我实现的男性和女性比作废弃煤矿中的金丝雀，他们对于是非善恶比我们大多数人都更加敏感。这一观点表明，最优秀的人能够更加清晰地看到事实的真相，当其他人在黑暗中困惑时，他们却能看到被层层迷雾掩盖的真相。

这一问题导致了对高峰体验中存在性知识（being-knowledge）有效性的讨论。我最初对于这一问题的关注体现在我关于宗教心理学的书（1964）的附录中，但这远远不够。无论如何，必须承认的是，在某种程度上，我已经提出了这样一个假设，即存在性知识确实以某些特殊的方式存在着。

第十，尽管不十分确定，但我感觉到，自我实现理论还必须面对这样一个问题：优秀的人应该如何对待那些心理或生理上劣势的人，应该对他们承担什么样的责任和义务。自我实现者应该花费多大的气力去帮助那些或暂时或永远地处在自我缩减之中的人呢？当然，我们对他人的评价有时可能并不准确，一个叫作锡南浓（Synanon）的药物康复项目就曾经对很多被认为"不可能治愈"的药物成瘾者进行了非常有效的治疗。

第十一，需要着重强调的是，"优秀"这个术语只适用于人类。对人类来说是"优秀的"成员，对蚊子、熊或老虎而言可能就是灾难了，因此"优秀"这个术语对物种而言具有相对性。但有趣的是，生态学的研究证明，自然界的平衡对于所有物种在某些方面都是有益的。对于人类家庭而言，同样的现象也表现得非常清晰，比如辱骂，对所有相关的人而言都是不堪的。

最后必须要说的是，自我实现并不是全部。如果割裂开来，我们就不能真正理解个人的救赎和对个人来说什么是"优秀的"标准。因此，社会心理学是非常必要的。虽然我们还需要考虑协同作用是否能够证明这一点，但在考虑对自己而言什么是"优秀的"时，也必须考虑对其他人来说什么是"优秀的"。在某种程度上，即使整体上符合协同原则，但个人的利益与他人、组织或团队，和文化或社会的利益可能还是有差异的。但不管怎样，不考虑他人和社会条件，纯粹的内在的个人主义心理学（individualistic psychology）是不完整的。

当然，我们对自我实现理论所提出的这些假设必须加以扩展。由于我们在探讨人的本性及其高度的时候并没有明显地重视这些假设，因此在此对其加以详细阐述是非常有价值的。

20世纪50年代早期到中期,社会比较平静,马斯洛将注意力越来越多地转到了宗教心理学。在对后来所谓的高峰体验进行实证研究之前,马斯洛花费数年时间收集了大量关于比较宗教学的材料。最终他确信,美国心理学严重忽视了宗教心理学对于理解人格的重要意义。在这篇写于1954年7月未出版的短文中,马斯洛阐述了他在阅读了吉杜·克里希那穆提(Jiddu Krishnamurti)的《最初和最终的自由》(*The First and Last Freedom*,1954)之后的一些想法。

FUTURE VISIONS

04

接纳存在之爱中的挚爱

现代印度哲学家吉杜·克里希那穆提的著作使我明白,无选择地觉知意味着按照其本来面貌去接受某种体验或某个人,而不是想去改变或操纵。

拥有这样一种品质,意味着用一种顺其自然、接受和顺从的方式,而不是支配、干预、"想方设法"改变的方式去尊重、欣赏并体验对方。如果我们同时还希望对方在这方面或那方面有所改变,就不能完全沐浴在爱情之中。当然，在真正的爱情之中，我们不会把爱人和任何其他人进行比较，不管是在生理还是心理方面。我们把爱人作为终极目标，而不是作为实现最终目标的手段。不管什么时候将爱人和其他地方的任何人进行比较和参照，都会削弱和限制我们的体验，因此这些人是完全不相关的。

完全的觉知或接近于完全的觉知意味着完全专注于当前的体验：全身心地投入，将整个自我投入进去，忘记世界上过去和现在的所有其他一切。这一状态必然包括对个体自我的忘却。只有自我觉知消失，个体才能真正投入到对音乐的倾听之中（这同样发生在真正的创造活动和全身心投入的阅读之中），因此忘我是完整爱情的标志。

（尽管还非常有限，但以问题为中心和以自我为中心的心理学实验都在一定程度上表明，情绪健康的人更可能忘我，而忘我这种心理状态会使得我们的思维、学习和其他活动更加有效。）

对我而言，在存在性爱情（being-love）中体验挚爱最终似乎是一个审美的过程。也就是说，我在这里把审美定义为对审美对象的所有感觉特性的终极体验。这种内在状态与抽象、分类和概括提炼显著不同。哲学家菲尔莫·斯图尔特·诺斯洛普（Filmer Stuart Northrop，1946/1979）持相同的观点。从长远来看，这与戈登·奥尔波特所说的"个体化"和"规律性"的区别是相同的。也与克里希那穆提（1954）"毫无选择的觉知现在"（P.41）所暗示的含义相同。

换句话说，在存在性爱情的极乐状态下，我们能真正"审美地"体验到我们的挚爱。在这里更为恰当的词语是"欣赏"和"乐享"。其中欣赏似乎更加确切，因为它传递了适当地接受和不干预的内涵。正如克里希那穆提明确地指出："面对事实还能有什么选择呢？"（P.45）。

即使只是关于完美的理想、标准和理论的一丝苛求，也会削弱人们的极乐体验并使之黯然失色。在心理治疗中我们也知道这一原则，完全顺其自然地聆听，而不是去试图教导、改变、证实或过度地帮助来访者，才能真正使其释放而实现疗效。实际上，这种观察使我们明白，"只有放下自己的希望、思想和标准，全身心地聆听，你才有可能真正知觉到真相，觉知到现实"。这一情境包含了客观和真正地实现。

因此，现在要做的就是让所有的人和事顺其自然。

20世纪50年代晚期，马斯洛已经非常确信，高峰体验对于个体的心理健康具有重要意义。例如，他根据理论分析认为，各种自我毁灭行为（self-destructive behavior），比如成瘾行为，都可以通过引发其内在的"高峰"而得到有效治疗。在这篇写于1960年10月未出版的文章中，马斯洛关于高峰体验对健康益处的观点非常耐人寻味。

FUTURE VISIONS

05

高峰体验的健康意义

也许高峰体验对于我们的生理健康是非常必要的。也就是说，从某种程度上讲，高峰体验对于健康生活在医疗方面是必不可少的。如果真的如此，就可以解释为什么高峰体验在普通大众中如此流行了，尽管每个人体验的强度各不相同。内心矛盾重重、精神错乱的人很可能因为无法实现高峰体验而精神失常。

精神严重失常的人不会有高峰体验，只有情绪健康者才会有高峰体验。事实上，个体情绪越健康，就越有可能拥有高峰体验。同样，我们经历的高峰体验越多，心理就越健康。

高峰体验之所以对情绪健康至关重要的原因之一，就是高峰体验为我们提供了一个巅峰、一种完全的宣泄和释放，而不能达到这种巅峰状态则会给我们带来具有危害的紧张和不安，并有可能在我们的体内产生毒素。可以想想，被突然打断的性爱抚所带来的血液流动的紊乱，以及正常的性高潮之间的差异。因此，完全彻底地释放对于个体的生理和心理健康都是非常必要的。完满是持续努力的最好结局。

有人可能会对高潮存在的必要性提出怀疑。可以比较男性完全射精和部分射精的差异。出生于奥地利的心理治疗学家威廉·赖希（Wilhelm Reich）曾对此进行过深入细致的探讨。

没有高潮，人类怎么能够获得休息与平和，或者享受具有存在性价值的真正游乐呢？如果没有高潮和高峰体验提供给我们的完成感，我们可能感觉一直处在中间状态，一直在努力、坚持却总是感觉不到满足。我们将永远只有手段而没有结果。我们所做的一切就像是在爬山，永远无法到达山顶，无法停下来休息。

事实上，任何真正的满足都会带来一些结果体验，允许人们停止努力并休息一会儿。有时这种结果体验也非常深刻和强烈。但真正强烈的完满感、真正的终极状态，即超越一切的真正结果体验、完美的高潮，才是真正的高峰体验。

完满的高峰体验对人们的情绪和生理健康都具有重要影响。这是一种完全的释放、彻底的消耗、彻底的满足。男性的前列腺是这方面一个很好的例子，前列腺的释放可以是部分的，也可以是彻底的。前列腺长期地部分释放会造成各种各样严重的医疗问题，甚至需要进行手术，并可能导致癌变。

完全地释放对生理健康更为有利，因为完全释放不会造成任何滞留。因此完全释放和部分释放在数量和质量上都有所不同。

没有或很少哺乳的乳房会出现疼痛、疾病，甚至可能出现癌变。

我想这对于人体内其他有导管和无导管的腺体情况同样如此。经历不幸却无法"大哭"一场的人可能会出现皮肤疱疹。肌肉同样需要完全地强烈地收缩，至少有利于血液循环，使血液真正流动起来而避免停滞。

这种情境与精神病学家大卫·利维（David Levy）所研究的患病期间的萎缩现象是一致的。智力不使用就会退化。对爱的需要如果只是部分满足，人就会永远处于饥渴的状态。真正的使用必然是完全地释放、满足与完美。不使用意味着萎缩，部分使用意味着异常，只有完全使用才是健康的，这与身体结构中的前列腺及其状态是非常类似的。

人们完成事情的能力是因人而异的，这当然是完全正确的。一些人的确比另一些人的行为更加冲动，他们不愿意拖延，但这一现实并不能改变前述的原则。每个人都会发现，把事情暂时搁置或者不去表达，或多或少会让人感觉讨厌或者难以容忍。

最简单的身体体验再次为这一观点提供了例证：在恰当的时间排尿排便就是一种巨大的满足，经历高潮、彻底释放和排空，而达到完满。

我们应该更了解自己在多大程度上生活在一个持续不断地未完成的精神和社会现实之中。

我们因为多少不能接触、安排甚至讨论的事情而感到苦恼？有多少吸引人的任务和想法因为已安排好的任务而被暂时推迟，或被永远束之高阁？有多少"挂歪了的图片"因为我们得不到允许而依旧那么挂在墙上？我们不得不对多少愚蠢、无效、肮脏的事情选择视而不见？多少次我们义愤填膺却又不得不忍气吞声？

我们都有一种冲动去针对问题采取应急措施、使其恢复正常、伸张正义，并实现账面的最终平衡。

但有多少事情我们什么也做不了？有多少次电视节目、电影和报纸激发了我们改良世界的冲动，但我们似乎不知道从何入手？当然这也可以被看作构成现代疏离感这一概念的一个方面。也就是说，在工业化的官僚主义世界，人们没有机会在正义等类似的问题上获得成功的完满，这使我们很少能够满足自己发泄愤怒、获得赞扬的冲动。

从本质上讲，我们被大家所知道的"账本"是不平衡的，但在我们的私人生活中，高峰体验赋予了我们最重要的完满感。

由于小时候就痴迷于音乐和美术,马斯洛一直将审美作为人格的重要特征。马斯洛曾希望将音乐心理学作为他在威斯康星大学硕士学位论文的选题,但被老师拒绝了,因为这个选题虽然富有创造性却缺乏科学性。尽管在之后的职业生涯中,马斯洛没有对审美做过实际的研究,但他一直认为这是一个值得严肃对待的问题。这篇写于1950年1月未发表的短文,马斯洛似乎是想将其作为将来对审美问题进行更为全面分析的基础。

FUTURE
VISIONS

06

审美需要初探

我们很少通过实证研究来了解审美的乐趣、需要、冲动、创造性,以及与审美有关的一切。但是审美体验是如此深刻,审美的渴望是如此急切,使得我们无可抗拒地要假定一些概念来契合这些主观的事物。提出一个能够解释这些深刻体验的理论是非常重要的。对于审美冲动,唯一不能做的就是对其置之不理。

我们很容易从常识中收集各种琐碎的证据来支持审美需要假

设，就像我们当时对认知需要所做的那样。如果没有其他证据，文献研究就可以证明我们所提出的审美需要在理论上的合理性，并证实这还是一个未解决的问题，是当前心理学应该去回答的问题。

不幸的是，除了大声呐喊"问题！问题"以外，我们现在所做的所有努力与将来要进一步讨论的其他一些假设还存在差异。

我们不能把审美需要看成"一种"需要，好像它只是一种特殊的冲动而已。实际上，我们存在多种很明显的审美冲动，其中一些或全部都可以被看作审美需要。

审美是一种主观的、内省的意识反应，对大多数人来说是只可意会的，也就是说，不能用语言进行描述，而必须通过亲身体验才能知晓。但事实上，人们仍然经常使用一些言语去描述这种体验，常常把这种感觉描述为心跳加速、凝神定气、物我两忘、酣畅淋漓、激动颤抖。

实际上，我经常觉得审美体验与心理学家所说的"感官冲击"有很多相似之处。这种体验就好像当人们突然浸入冰水之中时所产生的一系列反应。到目前为止，我还只是猜测这种可能的相似性，但这实际上是很容易验证的。

审美体验会引发各种各样简单的习惯性反应，比如收集特殊的物品（绘画作品、音乐唱片等）或者去艺术博物馆、听音乐会，都会让人们感觉快乐。总的来讲，我们这里所说的只是欣赏、乐趣、快乐和鉴赏，并不是真正的创造性审美。

从理论和实践两个层面来看，创造性审美都与鉴赏性审美不同，心理学家应该对其分别对待。我们不需要说，有些非常著名的小提琴大师讨厌音乐，有些因高雅的品位而出名的鉴赏家也经常毫无创造性。甚至从理论上讲，批评家与富有创造性的艺术家之间的战争从来就没有停止过。

在分析艺术的创造性时，似乎有多种不同的分类方式可以使用。但它们大多数都不适合心理学，而且我们也不会使用这些分类方法。但有一种分类方式非常重要，即表达性创造和模仿性创造。

表达性创造不需要进行交流，不需要被他人所接受，但它对心理治疗理论非常重要。例如，一幅纯粹的表达性的绘画作品除了作者之外，对其他人可能有价值，也可能毫无意义。不管这幅画作实际上是否漂亮，它给予了作者巨大的快乐和情绪的释放。

交流性艺术显然是另外一种状况，它的一部分甚至全部的动机都与其他交流活动（比如学术性报告）有关，因此可能会导致多种不同的结果。如果我们的主要兴趣是审美所带来的快乐和创造性，那么我们所感兴趣的就是表达性艺术，而不是交流性或目的性艺术。诗歌和绘画在某些情况下与学术报告一样具有教化的目的，其目的是交流性的，但也有可能是审美的，或为我们描绘世界美好的一面（激发审美体验），或成为一种装饰。

除了审美的价值，我们对审美冲动研究的内在兴趣可能本身就具有重要的理论价值。审美可能是一个重要的桥梁，可以将心理学的场论研究者与那些对人类的需要和本能感兴趣的理论家连接起来。

审美冲动最简单的例子就是我们让错误回归正常的欲望，以及对对称、令人愉悦的秩序与和谐的兴趣。比例失调、反差巨大和令人不舒服的布置都会激发我们重新安排、改善与纠正的冲动。

能否将审美归因为我们的内在需要以及外在因素,或者更为准确地说,是能否归因为能够将这两种力量整合为一个单元的总体,无疑具有非常重要的理论价值。

毫无疑问,实证研究对于阐明所有这些问题是非常重要的。

现在，马斯洛因为强调自我表达和创造性是健康人格的重要组成部分而广为人知，但人们不太了解的是，马斯洛还强调在儿童期，我们需要强有力的外部控制来指导自己获得适当的内部发展。马斯洛的这一观点很有可能是在20世纪30年代跟随维也纳精神分析思想家阿尔弗雷德·阿德勒非正式学习时产生的。阿德勒认为"娇惯"会严重毁坏孩子的情绪–社会性成长。这篇写于1957年11月未出版的短文使我们可以非常粗略地看到马斯洛对于有效的儿童教养的观点。

FUTURE VISIONS

07

儿童的限制、控制和安全需要

儿童，特别是年纪较小的儿童，尤其需要和渴望外部的控制、决断、纪律和坚决性。他们追求严格的限制是为了避免因为自己和可以预期到的成人的不喜欢所带来的焦虑，因为他们实际上还不相信自己不成熟的力量。总的来说，儿童对自己的自我控制能力还不确定，也不确定自己能否有效地应对陌生的情境。如果没有明确的外部限制，儿童常常会很恐惧，就好像他们突然被要求承担成人的责任。他们的这种情绪状态与治疗师所说的"灾难性焦虑"（catastrophic anxiety）非常相似，同时这种状态也与安娜·弗洛伊德（Anna Freud，1950）所说的"害怕被自己的本能所压垮的焦虑"类似。

作为成人，我们的责任在一定程度上就是适当地控制自己和自己的冲动。儿童知道自己做不到这一点。如果要求他们能够控制自己却不给予任何帮助，就会给他们带来巨大的压力。儿童对于成人的这种期望典型的反应就是恐惧，就好像他们的父母突然去世了，他们不得不顶门立户一样。

例如，仔细观察一个处在极度激动和兴奋之中的正常儿童，再来想象一下，一个备受忽视的儿童突然受到成年人的巨大关注、出乎意料的爱怜或者强烈的关心，会出现什么状况呢？这种看似幸运的情境实际上会导致孩子内心的混乱和崩溃，会让他感受到灾难性焦虑。这个儿童甚至可能丧失所有的自我控制以及对思想和身体的协调运作能力。

有时候我们需要把这个孩子抱起来，紧紧地抱住他，直到他平静下来，恢复自我组织和自我控制的能力以及自我一致性和自我和谐。神经病学家库尔特·戈尔茨坦是一位来自德国的流亡者，他对灾难性焦虑曾有过非常详细的阐述。

我的想法是，个体与生俱来的反对分裂和分离，渴望统一、整体与和谐的倾向正好与这一情境所对立。因此内在越和谐，人们越感到幸福，而越不和谐就会越恐惧，由于我们失去了意志力及其结果，失去了健康的自我，失去了我们的"执行力"，自我的统一性就被破坏了。

这种异常状况出现在以下情况中：①要求儿童完成他们无法完成的任务时；②他们的成年监护人突然变得很衰弱，无法使他们平静快乐地度过童年，而是期望这些小孩子能够当家做主时。

即使孩子从表面上看，似乎特别渴望绝对的自由，常常责备外部和成年人对他们的控制，但我们有时候也会听到年轻人痛苦而充满敌意地对纵容自己的父母说："小时候你们就应该好好地管我！"实际上，那些曾经被过分纵容的孩子经常会对他们日渐衰老的父母充满蔑视和厌恶。

整篇文章的观点可以用另一种方式表达：儿童需要强有力、坚定、有决断力、自尊和能够自主的父母，否则他就会充满恐惧。儿童需要一个公平、合理、有秩序、可以预测的世界，而只有那些强有力的父母才能够为儿童提供这些。

尽管马斯洛一直对人性及其发展的可能性持乐观的态度，但他也把自己看作一位现实主义者。因此在20世纪60年代，他开始不断地思考这样一些问题，"为什么很多人没能充分实现他们的生命潜能""是什么内在因素阻碍了他们的自我实现"。在这篇写于1966年11月未发表的文章中，马斯洛给出了一个带有尝试性却极具见地的回答。

FUTURE VISIONS

08

约拿情结
理解我们的成长恐惧

大多数人本主义心理学家和存在主义心理学家都认为，人性的共同之处就是成长、提升和实现自我，并尽可能发挥个人潜能的冲动。如果我们认可这一点，那么就非常有必要解释一下为什么很多人没能完全实现自己的内在潜能，为什么没有达到自我实现。

据我所知，解释这一问题最有效的模型就是弗洛伊德关于心理动力学的观点，即冲动与阻碍冲动实际表达的防御机制之间的辩证关系。因此一旦我们接受这一假设，即人类的基本冲动就是向着实现健康完满的人性,实现自我的方向发展。那么我们就必须分析所有阻碍个体成长的障碍、防御、规避和抑制因素。

例如,弗洛伊德的"固着"和"退行"这两个术语就非常有用。当然可以使用精神分析领域过去半个世纪以来的发现来帮助我们理解对成长的恐惧、成长的中断甚至倒退,但我发现弗洛伊德的概念并不足以解释这一领域的问题,因此必须提出一些新的概念。

当我们立足于精神分析理论并超越弗洛伊德的思想时,就必然会发现我所称的"健康潜意识"这一概念。简而言之,人们不仅会压抑那些危险的、令人厌恶或具有威胁性的冲动,同时也会常常压抑那些美好而崇高的冲动。

例如,在我们社会之中,对柔情具有普遍的禁忌。人们耻于被认为是利他、富有同情心、善良、充满爱心的,或者被认为是道德高尚或像圣人一样的人。这种对于个体美好本性的逃离倾向在青春期的男孩子身上体现得最为明显。他们往往残忍地抛弃那些有可能被认为是女性化、胆小和柔弱的品质,以便使自己看起来坚强、无所畏惧和冷静沉着。

不幸的是,这种现象并不仅限于青春期的男性,实际上在整个社会中都非常普遍。高智商的人往往对自己智商的态度非常矛盾。有时候他们会完全否认自己的智商并试图表现得和"普通人"一样,试图逃脱自己的命运,就像圣经中的约拿一样。对一个具有创造性的天才来说,常常需要花费其半生的时间才会承认自己的才能,完全接受它、释放它,超越对自己所具备的才能的矛盾心理。

我发现这种情况对于那些强有力的人来说也是如此,即那些天生就是领导、老板和将军的人。他们也常常会因为不知道如何处理和对待自己而陷入困惑。这种对于（对别人的）瞎猜疑的防御，也许更确切地说是对于骄傲自大或邪恶的自豪的防御，使他们陷入一种内在的冲突。每个人都有敞开心扉愉悦地表达自我的倾向，以实现自己的最大潜能，但他们同时发现常常不得不去掩饰自己所具备的这些能力。

在我们的社会中，优秀的人都已经学会给自己披上一件像变色龙一样的外衣来展示虚伪的谦虚，或者至少他们已经学会不能公开地表达对自己和自己能力的看法。我们的社会不允许一个聪明的人说"我是一个聪明的人"，这种态度会冒犯他人，会被认为是自吹自擂，会引起他人的对立反应、敌对甚至攻击的行为。

因此，如果一个人说自己很优秀，即使已经被证明确实很优秀，也会被其他人认为他是在宣扬自己的支配地位，并要求听众来服从他。这种现象在全球许多文化中似乎都非常普遍，因此优秀的人常常为了避免他人的攻击而不得不贬低自己。

然而，所有人都必须面对这一问题：我们必须感觉到自己足够强大、足够自爱才能具有创造力，才能实现目标，发挥潜能。因此，优秀的运动员、舞蹈家、音乐家和科学家都被迫陷入这样一种冲突之中，即一方面是他自己内在的正常实现自己最大潜能的成长倾向，另一方面是社会要求他要认识到，他人很容易把他真实的发展潜能看作对他们自尊的一种威胁。

我们所说的神经症患者就是这样，由于害怕可能遭受的惩罚和敌意而压抑自己，放弃了最大限度地发展自己的才能，放弃了实现自己全部潜能的权力。为了避免惩罚，他变得谦逊、诌媚、退缩，甚至成为受虐狂。总之，由于害怕因为优秀而受到惩罚，他们把自己变得不再优秀，摒弃自己的才能，也就是主动降低了自己人性发展的可能性。为了安全需要，他严重削弱和阻碍了自己的发展。

然而一个人最深层的本性并不会一起被否认。如果不能以一种直接的、自发的、不加抑制的方式发泄出来，就必然会以一种隐藏的、偷偷摸摸的、含义模糊的，甚至鬼鬼祟祟的方式表现出来。至少，失去的才能会在令人烦恼的梦境中、令人不安的自由联想中以及奇怪的口误和无法解释的情感之中得以表达。对这样的人而言，生活已经成为一场永无休止的战争，一种我们在精神分析过程中已经非常熟悉的冲突。

如果神经症患者坚决放弃个人成长的潜能和自我实现，那么他看起来成了一个典型的"好人"：谦虚、顺从、害羞、胆小、不喜欢出风头。这种放弃及其危害的最具戏剧性的结果就是人格分裂、多重人格，其中被否认、被压抑和被抑制的可能性最终以另一种人格分离出来。

在我所知的所有案例中，分裂之前所表现出来的人格完全是传统、服从、被动和谦逊的，他对自己没有任何要求，也就是说，他没有真正感受到快乐，没有生物的自私性。在这种情况下，戏剧性出现的新的人格通常比较自私、喜欢享乐、易冲动，而且很少有能力做到延迟满足。

因此，大多数优秀的人都会向更为广泛的社会妥协。他们渴望实现自己的目标，达到自我实现，展示自己的特殊才能和能力，但他们也会用表面的谦逊，或至少是用沉默来掩饰自己的这些倾向。

这一模型有助于我们用另一种方式来理解神经症患者，他们是在力图实现自己与生俱来的完满人性，他们渴望自我实现，充分发挥自己的潜能，但与此同时，因为恐惧而不得不掩饰或隐藏自己的正常冲动，并以混合了内疚的复杂之情使这些冲动变得罪恶，从而减轻自己的恐惧感，并抚慰他人。

用更简单的话讲，神经症可以被看作既有所有动物和植物所具有的成长和表达的冲动，也混合了恐惧感。因此，成长以一种扭曲、痛苦且毫无欢乐的方式进行。正如心理学家安吉尔（Angyal, 1965）所观察到的那样，这样的人可以说是"逃避自己的成长"。

如果我们承认，核心自我至少在某种程度上具有一定的生物性，包括解剖结构、构成、生理机能、气质、偏好和受生理所驱使的行为，也就可以说个体是在逃避自己的生物命运，或者甚至可以说，这样的人是在逃避自己的事业和使命。

也就是说，他正在逃避特别适合他的特异性任务，而他就是为此而生的，因此他在逃避自己的命运。

这就是为什么历史学家弗兰克·曼纽尔（Frank Manuel）要称此现象为约拿情结（Jonah complex）。我们都记得关于约拿的传说，他对去做预言家这一任务充满恐惧。他试图逃避，但不论跑到哪里，总是无法找到藏身之所。最后他终于明白，他只能接受自己的命运，他必须去完成自己的使命。

在这个意义上，我们都是被命运所召唤去完成一个特别适合我们天性的任务。逃离、恐惧、敷衍、犹豫不决都是典型的"神经症"反应。这些反应之所以被看作病态的，是因为它们造成了焦虑和压抑，产生了典型的神经症，甚至各种各样的精神症状，并导致了多种代价沉重的对个体造成严重影响的防御机制。

但从另一个角度来看，这些机制也完全可以被看作趋向健康、自我实现和完满人性的实例。那些被压抑的个体渴望实现完满人性，却不敢去实现它，那些释放自己的个体则向着自己的命运健康成长，他们之间的差异简单来说就是恐惧与勇气的不同。

神经症可以说是在恐惧与焦虑中实现自我的过程，因此也可以被看作是一种非常普遍的、健康的过程，但这一过程受到了阻碍和束缚。神经症患者当然也可以被看作是在迈向自我实现，只不过他们不是快速前行，而只是在挣扎着慢慢前行，不是直奔目标，而是曲折前进。

尽管在对人格发展的看法上，马斯洛毫无疑问是一位乐观主义者，但他对于人类所处的环境却比大多数心理学的观点更加悲观。他的这种悲观主义的观点也许来源于他小时候因为生病而与死神擦肩而过的经历。1961年9月马斯洛在撰写这篇未发表的文章时，正如饥似渴地阅读关于人生的存在主义和其他哲学著作。当然，这篇文章的论调远比他20世纪60年代末的其他作品更加悲观。

FUTURE VISIONS

09

悲剧心理学

我正在阅读莫德·博德金（Maud Bodkin）的著作《诗歌中的原型模式》（*Archetypal Patterns in Poetry*），这本书让我极度兴奋。贯穿这部作品的整个主题是，悲剧最终是原型支配与从属倾向之间的冲突。这种冲突不仅存在于个体，特别是英雄的身上，而且存在于个体与命运、自然之间。下面是一些具体的悲剧类型，都可以进行确认和详细阐述。

1. 国王被废。
2. 幻想破灭，这是成长过程中不可避免的，这意味着童年纯真的丧失。

   1）所有从高到低的下降，即从强权变为弱小

   2）由盛而衰

   3）从巅峰到低谷，最终走向死亡

   4）从烈火烹油到灰飞烟灭

   5）因满足而快乐，继而厌烦

   6）因优势而顺风顺水，继而疲倦、虚弱和自我保护

   7）因新奇而感受到幸福，继而满足、习惯和厌烦

   8）国王、君主、统治者、"黄金家族""命运的宠儿"的衰落

   9）从幸福到不可避免的不幸福（幸福无法持久）

   10）从天真无邪到无法避免地掌握很多知识（意味着从幸福到抑郁）

   11）英雄和预言家不可避免地被取代

   12）从绝望到成功再回到绝望

   13）从无到有，再从有到无

   14）从圆满到空虚（比如饥饿）

   15）从性欲亢进到无性，被"消耗"了

   16）从狂欢到宿醉

   17）从年轻到衰老

3. 矛盾性的情感——俄狄浦斯情结或其他。没有完美的解决方法；也就是说，满足还是受挫（两者没有什么区别）都会导致悲剧。减弱或者增强（矛盾的两个方面）同样会导致悲剧。这也包含了男性和女性之间的支配与服从。

4. 为某个错误的选择坚守一生。
5. 个体内心中兽性与神性的冲突。无限与有限、想象与现实、崇高与荒诞、渺小和卑鄙。重要的是,要注意到这些所有存在的冲突都是不可调和的。
6. 让生命改道的"意外事故"[托马斯·哈代(Thomas Hardy)的小说]。我们可以想象,如果没有犯错误,会发生什么呢?"如果做了或没有那么做,会……"
7. 存在性公正的终结:行动结束,带来了公正却令人不快的结果。
8. 没有实现完满、成长中断:夭折;舞者、赛跑运动员或其他运动员身体严重受损;顺利实施中的诺言、信仰、使命、任务和事业因为外部的灾难、疾病或死亡而中断。
9. 渴望一份排他性的爱情:难以满足却可以想象。
10. 长时间地无法摆脱紧张和冲突。总是回到以前的状态。关于死亡和再生,我们对再生态度总是比较矛盾,更愿意静静地待着,走向死亡。
11. 对于以前不能不做的事情感到后悔。为各种事情悔恨。
12. 我们只是匆匆看了一眼天堂,却知道必须很快离开,并且是永远地离开。或者说我们不可能再次得到它,又或者说死亡已经把它从我们身边永远带走了。这一观点适合所有有过高峰体验的人,在所有幸福之中,人们必须平静地意识到这种体验不会持续,必须走向终结。这种意识完全不可避免,没有任何办法。
13. 无论我们做什么,死亡、走向衰老、走下坡路都是无法避免的。面对死亡,无论是我们自己还是他人,都会无助、无能而且软弱。这一现实使得所有假装英雄、神一般的行为成为谎言。

14. 我们自己或整个人类的理想无法实现：发现自己很愚蠢，无法成为伟大的钢琴家或作家，或者不得不放弃自己年轻时的梦想，接受次一个等级的地位。这是人到中年时常有的悲剧性的意识：认识到自己永远不能实现年轻时的梦想。

15. 无能为力的悔恨：事后聪明无法取消之前的错误。一个人在经过精神分析洞察之后，完全接受自己过去的悔恨，例如不可能对已经去世的人进行道歉。因此很明显，我们一定会发现以前的自己并没有我们想象的那样有价值，而且我们现在无能为力。

16. 大多数进退两难的困境都产生于我们现在是什么样的和我们将来会是什么样的之间的差异，我们现在在哪里与我们将来会在哪里之间的差异。支配，服从。为什么悲剧更多地发生在男性而不是女性身上？为什么西方文学和历史上的悲剧人物都是男性而不是女性？这一事实是否说明所有的悲剧必然涉及为了争夺支配权而进行的男性化争斗？与女性相比，当实际地位比较低的时候，男性更愿意去追求高地位。无法勃起、还不够成熟的年轻男性、性和其他方面的无能，就是弗洛伊德所讨论的阉割焦虑。

17. 年轻就是"暂时的辉煌"。

18. 死亡之前的悔恨。伊凡·伊里奇（Ivan Illich）的故事。死亡是"终考"。

19. 筋疲力尽却无法休息。人类的需求和欲望永无尽头。任何一种欲望的些许满足，都会促使另一种更加高级的欲望出现。
20. 你能看到即将到来的灾难，其他人却不能。看看亚瑟·库斯勒（Arthur Koestler）的梦吧，在梦中他因为遭到袭击而呼喊救命，却似乎没有人听见或做些什么，最后在路边的水沟中窒息而亡。
21. 几乎不可能实现的美丽幻想。所有年轻男性关于女孩子闺房的幻想，年轻女性的洛钦瓦尔（Lochinvar）式幻想。

心理学新曙光中的悲剧

我还可以想出更多富有智慧和洞察力和识别力的悲剧，例如有人预见到第二次世界大战期间一些不可避免的事件即将发生，疯狂呼喊想使人们清醒，却因为太晚而无法影响任何人任何事。

或者现在眼看着拉丁美洲人口大爆炸，却有一种无能为力的枉然，如果把给予外国援助看作一种浪费，那一定是马尔萨斯主义。

只要观看一部著名希腊悲剧的第一幕，或者读一本从一开头就可以看出是悲剧结局的书，就可以体会到这种无助感，无法避免悲剧而且无能为力的感觉。生活中也有许多这样的情境，例如看着青少年拒绝成年人的建议而走向灾难。

在博德金（Bodkin，1934）的著作中，她描绘的夏娃天真无邪。夏娃不明白撒旦的意思，但作为读者和观众，我们是明白的，但我们对此无能为力。诗人弥尔顿（Milton）曾评论说："那里回响着令人遗憾的悲剧性的音符，因为可爱的人就像花朵一样，注定处在危险之中，却毫无知觉。"

接下来，博德金讨论了人类命运的悲怆。这种感觉许多人在婚礼上体验过，当天真无邪的新郎和新娘无限幸福的时候，他们却不知道自己的幸福处在未来无法避免的暴风雨之中。新人们相信他们永远不会争吵，但我们这些年长的人都知道，他们肯定会争吵。我们知道他们的婚姻可能在某一天会彻底破裂，我们甚至想以一种存在主义的方式哭泣。

当老年人看着年轻人的时候，这种情况也会经常发生，年轻人傲慢、自信、天真、看不起老人且不愿意听从老人的建议，他们不可避免地会重复我们年轻时所犯的错误。对此，我们无能为力。但与此同时，年轻虽然转瞬即逝，但依然是那样的美丽、可爱、令人感动。

博德金（1934）引用了弥尔顿的一句描绘撒旦被夏娃的魅力和天真所打动的那一刻："邪恶的魔鬼出神地站在那里，从他自己的邪恶里……"（P.167）。这句诗使得我对整个反价值问题进行了思考，这可能与所有确定的悲剧有关，在强与弱（支配与服从）之间，人类终极与现实的困境之间。

弥尔顿在《失乐园》（*Paradise Lost*）中谈论撒旦的时候，非常巧妙地触及了这一概念："但是炽热的地狱总在他心中燃烧，尽管身在天堂，却很快终结了他的快乐，让他更加痛苦，他看到的越多，所获得的快乐越少，随即他又回想起激烈的仇恨。"

这一想法关系到永久的欲望无法得到实现的悲剧。还有许多与此类似的情境，例如一位老人爱上了身体极具吸引力的小姑娘洛丽塔，而小姑娘却是他绝不可以触碰的；或者中年男人或女人不再英俊美丽，但性欲依旧强烈，他们已经不能再追寻浪漫的爱情。他们必须接受这种欲望永远不可能得到满足的现实。另一个例子就是，一个大学生发现自己的智商太低而无法实现自己小时候对成功的梦想。现在，以上这些都不得不放弃。

博德金最关键的论点就是："悲剧总是带着某种暗示，强有力的生命的某种延续与更新都隐藏在黑暗之中。"她还说："悲剧实际上以宗教的欢喜传递着深刻的价值观，这些价值观并不会随着终有一死的生物体的死亡而消失，虽然这些生物体在一定程度上体现了这些价值观。"（P.215）

我同意这种观点。更恰当的说法是，悲剧与其他的生活情境不同，因为悲剧使我们脱离了匮乏性领域而进入了存在性领域。也就是说，悲剧让我们直面终极价值观、问题和困惑，而这些是我们在日常生活中常常遗忘的东西。有了悲剧，我们便生活在最高层次上。不管特定的英雄人物或事件具体发生了什么，存在性价值观依然会继续，因为它们是永恒的。此外，它们明显是那么美好和令人向往，以至于遇到任何的困难、不幸甚至悲剧都是非常值得的。存在性价值观让这一切意义非凡。因此，在大多数具有震撼力的悲剧中，总有一种特殊的欢喜感，有时候也会体验到一种对情绪的宣泄和净化。

其实，我是想把狂喜理论（exultation theory）或存在性价值理论纳入宣泄理论中的，宣泄理论试图解释悲剧对人们心理的影响。因为我相信，关键的问题是悲剧被认为有一种优异感、重要感以及永恒感，并远离平庸和渺小。从这个角度讲，悲剧给了我们同样一种进化内心、鼓舞人心的感觉，就像走进藏有精美作品的美术馆、看到一个非常漂亮的人或听到某件非常令人鼓舞的事情一样。

博德金（1934）继续说："在以前的书中，撒旦是一个普罗米修斯式的人物。他在毫无希望的逆境之中英雄般的斗争与坚持提醒诗人和读者，他们自己也处在与逆境的抗争之中。"（P.239）

注定毫无希望而且对手无比强大，但因为普罗米修斯毫无畏惧、永不放弃，因此也是值得骄傲和欢喜的。他会战斗到底，因此我们钦佩他，钦佩我们自己，就像我们自己也是普罗米修斯一样。

博德金继续这一主题，"命运无法抗拒，人类的意志不可束缚"是一个整体性的观点。"这种痛苦象征着现代意识的深刻的脆弱性——普遍命运整体的不可限定的、无法抗拒的意志，存在其中的个体和难以理解的能够影响甚至与其抗争的能力。"（P.239）

注意到博德金对于人类面对失败时的意志、支配性、优势和勇气的强调似乎很重要。这一立场本身就是一种成功。在我们的日常生活中，当弱小者为了某种原则而心甘情愿地与强大的个体进行战斗时，目击者总是会对他们钦佩不已。也许悲剧就是这样产生的：尽管注定是要失败的，但意志与勇气的展示本身就非常美好。这再次体现了存在主义者的看法，面对绝望、沮丧和无法避免的失败，勇气也是人性中的一个决定性力量。

博德金认为，新的历史时刻已经到来了。所有的古希腊戏剧和但丁的作品都是悲剧的，都是在展示人们在命运和神灵面前的屈服与谦逊。但丁在中世纪展示给人们的都是谦逊。到了弥尔顿，他所描绘的撒旦尽管力不从心，却是一个真正的反叛者，他拒绝接受谦逊这一人们已经接受的命运，而是作为一个反叛者坚定地进行斗争。后来，雪莱诗歌中的普罗米修斯，他的反叛实际上以成功和乌托邦式的结局而告终。因此，古希腊戏剧和中世纪意义上的悲剧已经不复存在了，也就是说，人们在命运和神灵意志面前无能为力的感觉已经消失了。因此如果我们在现代人身上看到这种感觉，那么这种人看上去会很虚弱，因为他们明显毫无斗志。

然而，还有许多普罗米修斯式的人物仍然以普罗米修斯的方式维护着人类的支配性、自我和意志。他们对人性和人类的处境持非常乐观的态度。也就是说，他们并不相信命运不可避免地会获胜，他们相信以自己的能力能够与命运进行战斗并获胜［参见第二次世界大战中的"海蜂"部队（seabees）］。人类一直感觉处在服从的地位，但是现在他们有可能成为自然界的主宰，征服自然并主宰一切。当然，坚持这一立场的只是那些以前不信仰神灵而感到无能为力的人，他们必须在人性本身之中去寻找神灵的存在。

很明显，所有的假设都集中到一点，悲剧最终是一个关于支配、优势、意志、自主、自尊、领导、权力、自大、自豪和责任的问题，同时还包括由这些特质所引发的心理问题。关于这类心理问题我们已经了解得很多，特别是对于男性的这类问题。例如，我们可以清晰地区分来自个体内部的问题和来自外部世界的问题。由自豪、优势、支配等引起的内在问题是对偏执、妄想、自大和敏感性和谦逊丧失的防御。此外，内在问题还包括领导者的孤独感和个人知己的缺乏。

典型的外部问题包括人们对于支配者的嫉妒和憎恨。另外还有一个重要问题是，失去权力的人会因为支配者的存在而感到无力和性欲减退。从外部来看，领导者会担心因为获得权力而导致个人安全的丧失，也就是说，如果你愿意冒风险去获得权力，必然会使自己暴露于各种危险之中。

而且各种各样的心理和生理问题也与此有关。当然，某些人需要权力、渴望权力、追求权力仅仅是出于他们自己的原因，或是因为他们本身就极具攻击性。但为了使整个画面更加完整，加深对悲剧的认识，下面的分析非常重要：我们已经知道智慧、健康的自我实现者并不因为自己的原因而追求权力。权力对他们而言什么也不是，他们并不会从中获得任何快乐，因此他们倾向于回避权力。他们认为没有必要去争取权力，这一点是正确的。但是在紧急情况下或在高压力情境下，尽管他们完全了解领导所涉及的所有痛苦和麻烦，自我实现者可能也会因为个人的责任感而接受它。因为存在性正义（being-justice）的要求，他们感觉自己可以适应领导这一任务。

这种情境本身就构成了另一种悲剧。辛辛纳图斯（Cincinnatus）将军除了想待在自己心爱的农场别无他求，但他不得不应招成为希腊战争的领导者。他所渴望的只是平静的生活，但可悲的是，他无法实现这一梦想。后来的许多历史人物也是同样的情况，比如托马斯·杰斐逊、夏尔·戴高乐（Charles de Gaulle）。事实上，美国近年来的总统也大多都是如此，比如富兰克林·罗斯福（Franklin D. Roosevelt）、哈里·杜鲁门（Harry Truman）和艾森豪威尔（Eisenhower）。他们没有一个人真正想当总统。他们都是非常正派的人，没有兴趣因为自己的原因去掌控权力。在第一个任期结束之后之所以再次参与竞选，是因为他们觉得国家需要他们，他们能够比其他候选人做得更好。

不管这些政治家们每个人的实际情况究竟如何，他们都可以成为很好的例子来证明我的观点，尽管人们对权力并不感兴趣，但他们也可能追求权力，他们会很高兴地把权力让渡给同样能胜任、有能力、有智慧且愿意接手的人。亚伯拉罕·林肯（Abraham Lincoln）在他第二任任期的时候就是这种情况，而且对于其他许多人而言也是如此，虽然厌恶权力，却为了能够使工作做得更好，放弃自己平静的生活，选择掌控权力。

我们现在比历史上任何时刻都更加熟悉的另一种悲剧就是，人们对于事业、使命与任务的逃避。为了把工作做好而避免追求权力，这样的人必然会产生存在性内疚感和自尊的丧失。当然，真正优秀的人不会逃避他们的责任和任务。唯一让他们能够这样做的方式就是找到一位同样能够胜任这一工作的人来替代他们。

英国作家柯林·威尔逊（1959）在他重要的著作《人的境界》中曾非常恰当地强调这一观点。威尔逊的写作方式比普通的文学悲剧研究者更为复杂，这些研究者还不知道，在我们的时代，已经出现了一些哲学意味的新事物。他们仍然在谈论被废黜的国王，公然向神灵挑战或与其抗争，以及命运的反复等。但现代的悲剧已然完全不同了。

今天，我们对自己命运的掌控已经远超历史上的任何时刻。不管是奥林匹亚式的神灵还是雅典式的神灵，人本主义者没有可以依靠的神灵，也没有可以依靠的命运、超自然力量和超人。他们没有任何力量可以依靠，只能依靠人类自身。当然，在这种新的情境下，悲剧依然是存在的，但这些悲剧与博德金（1934）在其能让人产生强烈共鸣的著作中所描述的悲剧已然完全不同了。

非常有必要再次强调的一点，就是到现在为止所有的悲剧都是由男性撰写的，也都是关于男性的。因此这些悲剧完全是对男性内在的问题、冲突和恐惧的投射，包括长大、与父亲竞争、无法获得母亲的认同、在俄狄浦斯的情感中被惩罚（例如因为过于弱小而被母亲嘲笑），还包括年轻人由于太过轻率和武断而受到部落中长者惩罚的传统性恐惧。

我还认为尼采和他关于超人的概念在这一讨论中是非常有用的。对尼采而言，上帝已经死了。因此，所有依赖神灵的老式悲剧都已经失去了意义。当然还会有很多新的悲剧种类。例如，当代对于道家感受性的观点似乎就比较相关，由于当前工程技术的发展，再加上潜在的自大和盲目的自信，这便会造成老式的悲剧。这包含了人类的支配权被推翻、信心被摧毁，以及因为傲慢而遭受惩罚等多个主题。

最后，博德金（1934）还提及，悲剧或悲剧性神秘，在本质和存在性心理意识上，与人性和人类处境的核心成分非常相似。这种意识来源于我们的神性，当我们被迫感觉到人类神性理解力［我们"在永恒中漫游的思想"（P.281）并同时感受到我们最终的无力］的奇妙并感到敬畏时，这种意识便会提升。浏览我关于存在主义和人类研究这个主题所遇到的困境的文献是非常有用的。这包括每个人内在的基本冲突，这是世界上其他物种所不存在的冲突，这些基本冲突存在于我们的抱负、梦想、希望，以及我们作为人受到限制的有条件的天性之中。

20世纪60年代，马斯洛作为人本主义心理学的领导者名声大噪，但常常也被批评对人性及其潜能的看法过于乐观，甚至被认为是"盲目乐观"。马斯洛从未认可这种批评，实际上，他认为大多数自称为现实主义者的人就是以前那些因自我本位而遭受挫折甚至怨恨的理想主义者。在这篇写于1967年10月未发表的文章中，马斯洛对这一问题明确地提出了自己的看法。

FUTURE VISIONS

10

是与否
关于乐观现实主义者

我不能接受目前在知识界流行的关于文学批评、艺术批评、音乐批评和政治评论的整体趋势。这个圈子中的作家和评论家的整体论调是强调无助、痛苦、软弱和无力。典型的说法就是，没有人可以影响世界、政府、其他人甚至自己。当然有一些人是例外的，但相对于这种整体的悲观、痛苦、哀怨和自怜的趋势而言，显得微乎其微。

我必须坦诚，我并没有这样的感受，我没有感到无助、被操纵或绝望。我觉得自己完全可以主宰自己。我完全是主动的、自我导向的，我可以决定自己的命运。回顾我的一生，我一直有这样的权力。

例如，我最近就军事占领希腊的事情向美国两位参议员写了抗议信。如果我的信不能改变我们的对外政策，我不会放弃或者宣称"这信白写了""根本没人听我的"，或者"我浪费了时间"。我觉得，我并没有浪费时间。我做了2亿人都会去做的事情。

为什么我希望只凭自己的力量去改变美国的外交政策？为什么我希望两封信就可以改变整个美国政府？我是这个世界上唯一的人吗？我是美国唯一的人吗？由于我的信没有得到反馈就感到梦想幻灭和失望，这意味着我希望成为一名独裁者吗？完全凭借自己来决定外交政策吗？完全按照我的想法来？其他人和他们的意见又该如何？

对于此事，我觉得非常民主、非常现实。许多人身涉其中，肯定会有不同的意见。我觉得这很符合人的尊严，实际上也没有亵渎我自己的尊严，我明显有自己说话的权力。但这并不意味着为了我的尊严，只要我一说话，所有人都必须立刻同意我的看法或者站到我这一边来。

对于民主的政治决策，我完全接受民主的原则，成为一个"好的失败者"和"好的赢家"。如果没有被选上，我会吞下失望和愤怒，怀着美好的意愿真诚地与对方握手并说："这是民众的心声。"

但接下来我会继续发表我的意见，并尽力使我的意见被听到并被接受：这也是民主程序中应有的一环。

在另一种情境下，当被信任的朋友以非常恶劣的方式对待时，很多人会感到震惊、幻想破灭和绝望。但这是同样的错误，甚至是很幼稚的错误，要求自己无所不能、无所不知，甚至具有像 X 射线一样的眼光。

我已经习惯地假定我身边的许多人，他们一开始让我感觉很有魅力，看起来非常高尚，但当我对他们了解更多，在更多场合中看到他们的行为之后，他们在我心目中的位置就开始走下坡路了。(幸运的是，情况并不总是如此。关系越亲密，保持的时间越长，我会越尊重、越爱一个人。)

如果我与一个人曾偶然交谈过，后来发现他十分愚蠢、无能或者存心不良，我会醒悟过来并对他再也没有好感和尊重吗？为什么要希望我是一位巫师或者具有一双看透一切的眼睛？为什么要希望我在一个简短交谈的基础上就要做出万无一失、不能改变的判断？第 1 次见面很难了解一个人，这是很自然的事情。对我来说，我会记住，第 1 次的印象总不如第 10 次的印象更加准确，因为人们总是想在第 1 次见面的时候留下一个美好的印象，这是完全可以理解的。

总之，我并不会在人性中寻求完美。这么做是一个巨大的错误，必然会导致希望的破灭和生活的不幸。

也许马斯洛最为出名的是他对个体在一生中所能获得成就的乐观信念。与人本主义心理学的其他奠基者，比如罗洛·梅、卡尔·罗杰斯等一样，马斯洛也强调个体对于世界贡献的独特性。20世纪60年代，越来越多的证据表明生理因素影响着人的发展，马斯洛对此越来越敏感。在这篇写于1969年7月的未发表文章中，他试图调和他的心理乐观主义与看似现实的生物决定论。

FUTURE VISIONS

11

生理上的不平等与自由意志

提出与个人才能和成就相关的问题是非常重要的。从本质上讲，这个问题就是接受生理上的不平等和不公平这一现实：一些婴儿天生就很健康，另一些却天生就不健康；一些很聪明，一些很愚蠢；一些很漂亮，一些很丑陋。这是运气、是无偿的恩典，是幸或不幸的问题。这不是我们可以改变的，这是注定的，是对自由意志的限制。

此外，生理上的不平等与社会不平等完全不同，对于社会不平等，我们总是直接责怪外部世界。对任何遭受到的社会不平等，我总是会去辩解。我不必被迫去接受自己低劣、不健康、愚蠢、丑陋或有什么非常特殊的方面这样的事实。社会不平等比生理上的不平等更容易在心理上被接受，生理上的不平等是一个无法克服的障碍，对此我们完全无能为力。

生理上不平等这一现实引发了各种关于"应得的"深刻的哲学问题。出生时我是否应该得到一个健康的心脏？我能否因为自己生在一个具有大量煤炭、钢铁和其他自然资源的国家而感到自豪？这和我有关吗？没有任何理由可以准确地阐述"我应该得到"这样的好运（或者厄运）。

那么问题随即就会出现：我可以同时感到既自豪又很谦逊吗？这两个词本身的含义是什么呢？我们在什么情况下有权力自豪？在什么意义上可以自豪？我们可以因为自己的好运而自豪吗？不，我们必须把自己的好运完全归功于运气、命运和出生的幸运。我们只能对那些自己努力完成的、获得的或带来的成就而感到自豪。

另一个问题又出现了：假定一个人出生确实有好运或厄运，自由意志、责任仍然有大量的活动余地，我们仍然可以成为积极主动的人，而不是任人宰割的人，仍然有大量的余地来进行自救而不是放弃和沉沦，因为我们依然可以竭尽全力而不是哀怨不已。

也就是说，自由意志在出生之后就会立即开始。在遗传的天赋和身体基础上，我们不管做什么都无疑要比仅仅获得生理遗传更为重要。对于生理遗传我们无能为力，但如何利用遗传天赋、我们的身体和所有遗传给我们的一切，则是我们的责任。这具有完全不同的意义，我们会为此而感到自豪、羞耻和内疚。

正是在这种情况下，自豪、内疚与羞耻才具有了真正的意义，因为这是自由意志、责任和选择，是自主的选择、自由的选择。我们无法选择自己生为男性还是女性，无法选择视力好还是弱，无法选择自己的脚踝是强还是弱。但是我可以通过自己努力工作、学习和生命规划来好好地运用自己的大脑。在这个意义上，我可以接受生理上平等或不平等、好运或厄运和自由意志、个人责任，成为一个主动的人而不是让自己不知不觉地陷入任人宰割的境地。我无法保证自己会有强大的肺，但我有责任使其处在最佳的状态不去伤害它们。

我的同事奥利弗·史密斯（并不是真实的名字）因为滥用药物而使得自己的白血病进一步恶化，他的行为和我有很大差异。我绝对不尝试服用任何未知的可能有损于我身体的药物，而且我确实从来没有使用过。当然这是我的选择和责任。在此意义上，我保护了我与生俱来的一切。确切地说，我只是生理遗传的照顾者而不是建设者和创造者。我照看着我的天赋、才能、身体器官，我可以把它们照顾得很好，也可以对它们很差。

正是在这种情况下，像自豪、谦逊、羞耻、内疚、值得、责任和选择这样的词汇才有了实际的意义。因此我必须问自己，一生中，我在什么情况下可以自己做选择？相反，在什么情况下不可以自己选择？因为选择已经被确定好了。我可以为什么事情而无可非议地感到自豪？我应该为什么而感到羞耻？又回到这样一个问题：使自己成为一个自主、积极、负责的人，这是最主要的原动力，而不是成为一个任人宰割的人。

换句话来总结这整个的推理过程，即命运、遗传和生物因素实际上为我们设置了各种限制，限制了我们活动的范围。但在这些限制之内，我们仍然拥有一个空间，在这个空间中我们既可以大有作为也可以一事无成。这就是自由意志和自我选择的领域，也是我们应该承担责任并可能为此感到内疚的领域。如果我是一个截瘫患者，或者是一个癌症患者，就像亚历山大·索尔仁尼琴（Aleksandr Solzhenitsyn）的优秀小说《癌症楼》（*Cancer Ward*）里所写的一样，即使器官已经衰竭或者面临死亡，我依然居住在自由意志的王国之中。即使在死神降临的时刻，每个人依然有自由意志、责任与选择。精神病学家布鲁诺·贝特尔海姆（Bruno Bettelheim）和维克多·弗兰克尔（Viktor Frankl）在回忆他们在纳粹集中营的生活时，都确认了这一点。即使在集中营里，人们依然可以做好自己的事情或者做得很糟糕。人们依然可以过得有尊严或者完全没有尊严。人们依然可以能够做到自己能做到的一切或者完全做不到自己能做的一切。即使在死亡的边缘，人们仍然可以做一个主动的人，或者是一个无助的、充满哀怨的任人宰割者。

在这个意义上，每个人都可以把事情做得如自己想象的那么好。这适用于所有人在任何条件下、任何情境中和生活的任何时刻。而且如果他们做的没有自己能够做到的那么好，他们一定会感到内疚。这就是我所说的"内在性内疚"，因为这些人违背或背叛了他们自己的高级本性。

当然，人们在确保工作能够完成得很好之前，首先要确保所做的这份工作是值得做的。例如，我最近曾与一位烟草公司的副总谈话。他被对自己工作强烈的内疚感所困扰，他真的感到非常内疚，但不幸的是，他并不足够坚强去放弃这份工作。

阐述这一思想的另一个方式是，你首要的责任是真诚和完满地做你自己。这段话中凝结了多层含义，也包含了多个概念，比如自我实现、内在成长等。这所有的一切加起来就是接受现实，以现实为原则，按照现实来行动。因此即使我生下来就是个瘫痪者，我仍然可以成为一个积极主动的人，而不是任人宰割者。

除了这一首要和最基本的责任外，还有其他一些与自我选择和自由意志有关的责任。这些责任并不像我们的生物遗传一样是被完全决定好的。例如我们对他人负有责任，当然包括对我们的孩子，也包括对任何一个孩子或者任何一个身体衰弱或有病的人。但即便如此，这些责任也必须与我们成为自己这一首要责任整合起来。这一事实意味着，对他人而言，我们不可能是他们的一切，也不可能是某个人的一切，也许对婴儿是个例外。一个人不可能为任何其他成年人负所有责任，也就是说，我们必须允许别人对他们自己负责。当然，如果我们试图把自己的观点强加给他人、干预或塑造他人，即使是采取帮助、友善或过分保护的方式无意地进行，也是不可能的，我们必须允许人们对自己负责。

这种责任的圈子会越来越大。我们将其称为"挚爱认同圈"或"责任认同圈"。这个圈子扩展的越大，我所具有的责任就越小，但在某种程度上，我依然对所有人、所有生命体和所有的非生命体负有责任（比方说，我不能去毁坏它）。

在这种情境下，我还可以把心理成功与此联系起来。当然，这一问题在一定程度上还涉及对于现实存在，即个体自己的天性、能力等现实的接受和准确的知觉。在这里我会说尊贵的木匠、自我实现的水暖工。我要指出的是，坚持单一的啄食顺序原则或单一的优劣原则是非常危险的。任何人在任何情况下都可以获得心理成功，至少在以上这种意义上，竭尽全力做到一个可以做到的最好、最完满的状态，实现自我接受自我。

这一原则在濒临死亡、面对疾病和面对自己的局限时都是正确的。亚历山大·索尔仁尼琴的著作《癌症楼》在这方面提供了很好的例子。他在书中描绘了各种不同的人勇敢而自信地接受自己的疾病，有些人却对同样的命运表现得胆怯而软弱。也许可以说，在面对如此巨大的悲剧或经历巨大的痛苦时，积极主动者与任人宰割者之间巨大而深刻的差异体现得淋漓尽致。

有人说，并非只有获得成功的人才会被世界所接纳。这句话很好地阐述了心理成功的含义，也暗示了生命中成功或失败并非只有一个层级，也并非是单维的，而是存在多个层级。也许最终每个人都有一个自己的层级，因为在最终的分析中，每个人的任务就是做好自己，而这个任务在整个世界上是没有人做你对手的。

并不是说只有一个人可以在成为自己的任务中取得成功，准确地说是世界上每一个人都可以成功。一个人的成功并不意味着其他人的失败。这一点必须予以强调。还必须说明的是，世界上有太多不同性质、需要不同种类的能力去完成的工作，因此每个人都可以做得很好，即使在普通的社会意义上，我们也都可以通过各种各样不同的方式取得成功。因此，我们都可以为自己的成就而自豪，为自己的自主和自我实现而自豪。

如果你想在零和博弈（我赢意味着你必定会输）中超越你的兄弟，胜过他们，与他们进行挑战和竞争，那这真的会非常危险。心理上的成功是非零和博弈的，因为每个人都可以获胜。最好是在自己的成就中追求优秀和完美，而不是寻求击败他人。

表达上述观点的另一种令人信服的方式是，将心理学看作心理学家约斯特·亚伯拉罕·米尔卢（Joost Abraham Meerloo）[1]所称的"在自己和社会限定的框架内自由选择的科学"。这一视角解决了所有关于自由意志与决定论的困境，包括既接受自己的命运又努力成为一个积极主动的人，既放弃对于生物意义上的不平等或厄运的托词又保留潜在的自尊、自主行动和自我选择。

米尔卢关于心理成功与积极-消极对立的另一有价值的观点为："作为一名普通人，每个人都很容易感觉到无能为力，但世界正是因为（我们的）存在而不同，（我们）就是要为差异负责，而不是为全部负责。"与此相关的问题就是如何整合自豪与谦逊，例如如何成为一名有自尊的收垃圾者，同样，如何成为一位真正谦逊的国王。

以上所有讨论都可以置于个体自尊这一概念和对于这一概念的研究框架之下。讨论健康的自尊和不健康的自尊是很重要的。而且需要指出的是，个体的自尊水平越低，其孤独感、不幸福感、人际交往中的不胜任感等会越高。我们自己关于人类和低等动物支配行为的研究都支持这一观点。

最后，我认为所有关于斯多葛哲学学派的著作都与我们所讨论的问题相关。重新阅读斯多葛哲学学派的著作并领会他们的措辞是非常有用的。我在本文中的大多数观点都只是对斯多葛哲学

---

[1] 马斯洛并没有为这段引自约斯特·亚伯拉罕·米尔卢的材料提供具体的参考文献。——编者注

学派观点的另一种表述。因此，精神病学家维克多·弗兰克尔独具风格的存在主义人格研究方法（Frankl，1984）也可以被看作斯多葛哲学学派的一种表现形式。建立这种哲学上的联系是非常重要的。

到20世纪60年代后期，马斯洛越来越相信人格功能的个体差异是与生俱来的，是生物因素决定的。特别是他后来认为，自我实现者天生就倾向于具有健康的情绪和社会成就，自我实现者有时也被马斯洛称为"完满人性的人"，经常会有高峰体验。也就是说，他们成了真正的"生物精英"。随着当前生物精神病学的日益发展，这一主题也自然变得越来越突出。在这篇写于1968年3月8日未发表的短文中，马斯洛探讨了关于这一问题在社会政治学方面的几个难题。

FUTURE
VISIONS

12

人本主义生物学
"完满人性"对精英论的启示

"完满人性"这一概念是可以量化的，也就是说，这一概念表明有些人比另一些人更加的"人性"。对于精神病患者而言，人性已经完全丧失了。当然，对于精神病患者而言，很自然地问题就是，这样的人（当然看起来还是一个人）还能够被继续看作一个人吗？因为他已经没有了道德、没有了羞耻感，没有内疚感、没有识别他人的能力，也就是说，他无法知晓甚至也不关心他人的感受如何。

这一问题势必将我们引向有关"生物精英或生物贵族"这一概念性难题的边缘，这些人或者可以被称为生物意义的而非社会意义的特权阶层。

我并不知道这一政治性的"烫手山芋"最终会发生什么。我甚至不敢发表我关于这一问题的理论和研究数据，因为害怕它们被其他人滥用。我担心如果我为了讨论这一问题而提出适者生存的观点来阐述我自己的概念框架并在可靠的研究基础上对其进行检验，那么许多非科学家会因为他们自私的目的而抓住这一问题。实际上这样的情况在19世纪晚期的后达尔文时代的确已经发生过。许多人使用达尔文的科学理论证明经济特权的合理化，而这种继承的经济特权与个体所具有的生物特性并无必然关系。

在我建立良好社会理论（优心态理论）时，不可避免地会遇到"生物精英论"这一问题。因为我预测，对存在某些生物学意义上不完善之处的个体而言，当不能再以社会不平等作为托词和借口的时候，就必然会大幅增加对那些事业成功个体的尼采式的怨恨与恶意的嫉妒。

因此我一直想弄清楚的是，如何保护具有生物学意义天赋的个体免受那些在生物学上没有任何天赋的个体不可避免的恶意呢？后者可以有完美的理由来宣称，上天不平等、不公正，给一些人聪明的大脑，而给了另一些人愚蠢的大脑。我认为，在将来全球一体化的社会中，解决这一问题困境的唯一方法就是：让这些具有生物学意义上的优势的人（优势成员）成为一种类似于教士的阶层，与普通人相比，他们并没有更多经济上的回报和更多的特权。在我所描绘的这幅图画中，文明社会的领导者（圣人、教师、先驱者和创造者）就像以前的灰衣主教那样做事，像僧侣一样穿着最简单的衣服，也许还要发誓过最无私的简朴生活。

依据这一说法建立一种可行的政策，具有非常坚实的心理学基础。对那些已经完全演化为把超越性满足作为最大回报，也就是将B价值（B-values）或内在性价值（intrinsic values）作为最大回报的个体而言，最幸福的时刻莫过于实现对美好、优秀、公正和真理的促进之时。对这些人而言，他们能够在这些方面得到真正意义上的回报，而不是金钱、实物或感官享受。

就是今天，关于"生物精英"存在可能性的问题对于哲学导向的生物学家也是非常关键的，因为这样的问题会反复出现：谁来评价我们应该如何发展？哪种类型的个体应该得到支持和选择？或者说谁应该活下去谁应该死亡？谁决定我们后代的性别？他们会有7英尺（2.13米）高吗？决策者应该是联邦议会、全球性的机构还是由物理学家、生物学家或其他科学家组成的特殊小组？

事实上，这些问题都很大很复杂，要在现在找到一个确定的答案几乎不可能，因此我们唯一的感受就是对这一任务力不从心。我的希望是，这种力不从心的感觉能够刺激我们不断向前，进一步认识到面对这种决策我们尚无任何准备，这有助于我们开拓进取，变得比现在更有准备。

面对这样一种紧急情况，肯定有一部分人会倾向于求助古老的、被认为具有超人智慧的力量，如超自然的神灵（当然这也是由世俗的当权派们所说的），这一点我毫不怀疑。当然，大多数科学家都相信除了人类之外，没有人可以替我们来做决策。因此如何选择最适当、最智慧和最优秀的人来做这些充满敬畏的决策,才是最为紧迫的问题。

我坚持认为,精神性价值观或决策的原则不仅可以激发人性中最好的一面,而且可以作为每个人的价值观来发挥作用:指导我们在即将面临的这些伟大决策中做出抉择。很明显,必须对这一说法进行权衡、检验和重复,并非常非常小心地一遍又一遍地进行实验(Maslow,1967)。

也许可以避开关于生物精英论这一大问题,或者至少不让这一问题那么尖锐的一种方式就是用以下的术语来阐述:我们要如何组成一个智者委员会,来帮助人类选择如何发展自己,应该朝哪个理想的类型去发展?如何在生物学意义上选择优秀的人?将这一问题如此表达要比简单地说一些人在生物学意义上比其他人更有优势,能够减少冒犯和威胁。

当然,所有这些问题都已经与一个真正的大问题联系在了一起,两者性质相同且同样重要:我们应该如何向更好的社会发展?一个好的社会应该是怎样的?

在亚伯拉罕·马斯洛的一生中，他认为情绪健康者在日常生活中找到多种维持和增强内在成长的方法至关重要。马斯洛从来不认为要想获得成功、达到自我实现就必须要过僧侣式的生活。在这篇写于20世纪60年代中期未发表的文章中，马斯洛提出了多种有助于人们更好地体验和生活的方法。

FUTURE VISIONS

13

生活在高阶价值观的世界中

现在，许多情绪健康者所面临的关键问题就是，"如何在一个匮乏性的现实（必须在其中生活）中生活？也就是说，生活在一个充满谎言、恐惧、愚昧、痛苦、丑陋、恶心和罪恶的世界中，还不能忘却存在性现实和存在性价值观，包括真、善、美。"彼蒂里姆·索罗金（Pitirim Sorokin）的《利他与精神成长的形式与技术》（*Forms and Techniques of Altruistic and Spiritual Growth*，1954）和阿道司·赫胥黎的《长青哲学》（*The Perennial Philosophy*，1964）两本著作总结了经典的宗教性沉思和其他神秘的技术。

在这两本著作及其他书籍的影响下，我提出以下建议：

1. 抽样体验生活。
2. 不仅关注手段，而且关注结果。
3. 遵从手段的目的性。
4. 将手段变为目的。
5. 与熟悉感、惯性斗争，寻求新鲜的经验。
6. 解决匮乏性问题（例如，不要总是认为匮乏性领域优先于存在性领域）。
7. 获得更高层次的意识（例如，更加丰富更加广泛的经验），并允许其成为前意识。
8. 静思、冥想，"从现实的世界中走出来"，从自己当前的处境、眼下所关注的事物、恐惧和预感之中走出来。定期脱离时空的关注，脱离时间、日程、义务，以及世界、责任和他人的要求。
9. 进入梦想的世界。进入最初的过程思维之中：诗样的、隐喻的、出世的思维。
10. 用道家的方式遵从法律：包括关于自然、现实和人性的规律。感知宇宙永恒的内在规律。接受甚至热爱这些规律是道家思想的要求，也是宇宙中良好公民的本质。
11. 拥抱你的过去。
12. 拥抱而不是逃避内疚。
13. 同情自己，理解、接受、宽恕，甚至将自己的缺陷与不足看作人性的表达而热爱它。欣赏并微笑地面对自己。
14. 在回想 5 岁时的幼稚行为时，你能微笑面对吗？就像你微笑面对 5 岁孙子的幼稚行为时一样。
15. 匮乏性领域超越存在性领域，是其先决条件。不能将它们割裂开来。它们是（应该是）按照不同层次整合在一起的。没有必要认为只能二选一。存在性领域最坚实的基础就是使匮乏性需要得以满足（包括安全、归属和尊重的需要）。

16. 问一下自己：小孩子会如何看待这一情境？一个天真的人会如何看待？一个年纪很大已经完全超越了个人野心和争强好胜之心的老人会如何看待这一情境？

17. 努力发现生命中的奇迹。例如，孩子就是一个奇迹，想想看，对一个小孩子而言，"任何事情都有可能发生""前途无可限量"。

18. 建立无限可能的意识，钦佩、敬畏、尊重和想弄明白一切的意识。在"好"人、英雄和圣人面前完全可以体验到这些情感。

19. 静思、没有喧闹、没有任何活动、没有分神、没有任何责任可以促进出世的过程。外部声音通常会比内部声音更大，较低的声音通常比较高的声音更有优势。

20. 为了更好地欣赏自己当前的生活状态，不要和那些看起来运气比自己好的人去比较，而应该和那些运气不如自己的人比较。

21. 审慎地参与慈善事业，如果有时候你对自己感觉不好（抑郁、焦虑），至少你可以对别人好一些。献身于慈善事业：用自己的时间、金钱和服务来帮助他人，比如孩子。为高尚的事业工作。如果你将至少 1% 的收入贡献给自己认同的事业，那么会有助于感受到自己的美德。

22. 如果你发现自己变得自私自利、更加傲慢、更加自负或膨胀，那就想想死亡。或者想象其他傲慢自大的人和自负的人，看看他们是什么样子。你也想成为那样吗？你想把自己变得那么严肃且毫无幽默感吗？

进入诚实的世界

1. 不要让自己对腐败、堕落、虚伪、不道德等现象习以为常或漠不关心。纳粹集中营中的一些犹太人发现自己甚至已经对每天都发生的活人被烧死的这种最为可怕的灭绝人性的事情都习以为常了。
2. 必须能够嗅出不诚实的恶臭之气（你可能不得不低头，但你不需要喜欢它）。必须保持你的味觉灵敏（现在的很多面包和水果已经不再那么好吃了）。保持真诚的眼睛和感觉灵敏的舌头，清白做人。
3. 灰色的谎言仍然是谎言，你不必出于礼貌而表示赞同。不必耻于在一个见利忘义的世界中做一个好人。
4. 绝不要低估一个人影响世界的力量。记住！洞穴中的一支蜡烛就可以照亮一切。
5. 记住，在那个童话故事中，是一个小孩看到"皇帝什么也没穿"，然后大家才看出来的。

真正的尊严与自豪

你的尊严和自豪在多大程度上取决于隐私和秘密？如果人们可以读懂你的心理，知道你正在想什么，你会做何感想呢？或者，人们可以看穿你所有的隐私和秘密，就像你是赤身裸体的一样，没有任何的隐私可言，你又会如何呢？如果这样你还能保有尊严和自豪，这才是你真正的尊严与自豪。

为了获得真正的尊严与自豪，不要试图去隐藏自己，不要去依赖外部的价值符号（比如制服、奖章、帽子和礼服、头衔、社会角色等），要完全彻底地展示自己，进行自我揭示，展示你隐秘的伤痕、羞耻和内疚。不要让任何人将任何角色强加在你的身上，也就是说，如果别人的看法并不符合你的天性，不要按照别人认为一个医生或教师应该怎么做而去那样做。不要隐藏自己的纯真，大胆地承认它！

到达存在性世界

1. 通过有意识地进入存在性世界（being-realm）而走出匮乏性世界（deficiency-world）。可以去参观艺术展、图书馆、博物馆，欣赏美丽或高大的树木、高山和海滩。
2. 仔细思考那些令人钦佩、富有魅力、受人爱戴和尊敬的人。
3. 进入奥林匹斯山的"清新空气"之中，进入纯哲学、纯数学和纯科学的世界之中。
4. 尽力收窄自己的注意力，专注于微小的世界，例如蚁丘、地上的昆虫等。仔细观察花朵和草的叶子、沙粒或土壤。全神贯注，不受任何干扰。
5. 用艺术家和摄影师的眼光来观察物体的本质。例如，勾画轮廓，将其与周围的背景切割开来，与你的先入之见、期望和它应该是什么样子的理论分开。将其放大，或者眯着眼睛看其大概的轮廓，或者从意想不到的角度盯着它看，比如倒过来看。看这个物体在镜子中的样子。将其放置在一个意想不到的特殊背景中，或者以一个不同寻常的方式摆列，或者通过不同寻常的颜色滤镜进行观察。长时间地凝视它，同时进行自由联想或白日梦。

6. 长时间和婴儿或儿童待在一起。他们更加接近存在性世界。有时候和小猫、小狗、猴子或猩猩等动物在一起的时候，你也可以体验到存在性世界。
7. 从历史学家的角度来思考自己的生活，100 年甚至 1000 年之后会是什么样呢？
8. 从非人物种的角度思考你的生活，比如一只蚂蚁会如何看待你的生活？
9. 想象一下，如果你的生命只有 1 年的时间，你会如何呢？
10. 想象一个远方人，比如一个来自遥远非洲农村的人会如何看待你的生活。
11. 用第一次看到某个人或环境时的眼光来看待熟悉的人或环境。
12. 用最后一次看到某个人或环境时的眼光来看待同样的人或环境，比如一个人快要死了，已经不太可能再见了。
13. 用伟大而智慧的圣人的眼光来看待自己所处的境地，比如苏格拉底、斯宾诺莎和伏尔泰。
14. 试着和那些超越你的人进行探讨，可以和他们交谈，也可以给他们写信，包括像贝多芬、威廉·詹姆斯、康德、苏格拉底或阿尔弗雷德·怀特海（Alfred Whitehead）等伟大的历史人物。

在马斯洛职业生涯的晚期,他逐步认识到感受和表达感恩的能力是非常重要的,是情绪健康被严重忽视的一面。与此相对的却是不懂感恩的现象在社会上大行其道,不管是家庭成员之间、邻里之间、同事之间还是委托人和照料者之间,这是一种明显的情绪障碍。这篇未发表的短文大约写于1969~1970年,但这篇文章中引人深思的思想在马斯洛最后的几次研讨会中被屡次提及。

FUTURE VISIONS

14

重拾感恩

感恩对情绪健康极为重要。既可以防止贬低日常生活的价值,也有助于重新激发高峰体验,"知足常乐"是非常重要的:不要在真的失去之后才懂得珍惜。为了实现这一目标,我曾建立了多种实验技术。

一种方法是想象一下你非常在乎的某个人可能不久于人世。尽可能真实地想象你的感受,你会真切地感到失去了什么,你会为什么感到遗憾。你会感到悔恨或后悔吗?你会如何与他诀别才能够有效地避免以后因为留有遗憾而痛苦不已?并且,你会如何更好地留下关于这个人最完整的记忆?

在这一情境下,我愿意分享我的个人体验。在我长期患病的姑姑珀尔去世之前,我曾强烈地想让她高兴起来,送了一个特殊的礼物给她:给她做一整天的私人司机。我觉得这样很好。以一种很直接的方式表达了我对她的感恩。这是一个很好的结束方式。

这一结局也远比我和精神分析师阿尔弗雷德·阿德勒的分别更令人满意,在他突然去世之前我们最后一次见面时,我们之间出现了一些小的争论。由于这一结局并不完美,我一直有一种不圆满的感觉,反复沉思,悔恨了30多年。我多么希望在阿德勒还活着的时候我就已经解决了那次愚蠢的争论。

重拾感恩的另一种技术是想象自己快要死了,或者是将要被处决〔小说家亚瑟·库斯勒(Arthur Koestler,1960)在他的自传中曾讨论过这种强烈的知觉〕。接下来,想象一下眼前的所有人、所有事物对你而言是多么生动和珍贵。设身处地地想一想对你挚爱的每个人说再见的时候,你会对他们每个人说什么?你会做些什么?你会有什么样的感受?

这些练习会使我们更容易地感受和表达感恩。这样一来,我们就能够更好地从更高、更加令人满意的角度来看待自己当前的生活。

FUTURE VISIONS
The Unpublished Papers of
Abraham Maslow

II
第二部分
心理学的再审视

在马斯洛在世最后的几个月里,他越来越强烈地认为人本主义心理学需要更加准确地表述自己的立场。在他看来,很多善意的拥护者对许多概念的表述非常流畅,但对"人性本善"的表述模糊不清。从长远来看,他认为这会削弱人本主义心理学这一运动在心理咨询、心理治疗、管理、组织发展和其他领域中的重要作用。这篇文章写于1970年3月,距离马斯洛骤然离世只有几周时间,马斯洛在这篇没有发表的文章中总结了人类心理的多个公理。

FUTURE
VISIONS

15
人性的本质

人本主义心理学、组织发展和团体训练文化对人性有着隐含的共同前提假设和信念,然而这些假设和信念却很少公开而清晰地表述出来。因此对其进行明确阐述就显得很重要。

1. 人本主义心理学给人类心理一个新的形象,其基本原则是认为我们每个人都有高级的本性,这些高级本性构成了人类本质的基本方面。从操作层面来讲,这一观点意味着,在良好的环境下，人们可以表现出多种令人满意的特质，比如慈爱、利他、友善、慷慨、诚实、善良和信任。

2. 除了揭示以上提到的自我实现的所有特征以外，高度发展的个体在知觉、看清真相和认清现实方面会表现出更高的效率。这意味着，这些人不仅更幸福，而且认知能力更强，并且能够更好地联系现实。（鉴于此我认为，神经质不仅是情绪紊乱，而且是知觉紊乱，是盲目无知的一种。）除了表现出更高的知觉效率之外，这些个体还显示出了更高的行为效率，也就是说，他们有更少的情绪抑制、阻滞、麻痹和能力降低。

我们可以将这些所有的看法归纳为：得以充分发展的人，良好的环境使他们的高级本质得以显示，他们在所有方面都倾向于表现得更好。从操作性的定义来看，这也意味着这些个体倾向于成为更好的人。

3. 我们可以把"良好的环境条件"定义为有利于个体自我实现的所有自然、社会和生理条件的综合。这些条件有助于基本需要的满足，因为这些基本需要的满足是向更高层次发展、实现更完满人性、更大自我实现的首要路径。

4. 重要的是，如果人们过去和现在都生活在良好的环境条件中，就可能是"好的"，也就是说，总体上就可以被认为是符合伦理的、有道德的和善良的。这一观点坚决否定假定人类具有原罪、堕落或罪恶的各种教义。这一观点也拒绝所有认为人类不可能善良的理论。

但是，这一观点并没有拒绝认为人类有时候善良有时候邪恶的各种理论。为什么？因为这种表述实际上是正确的。也就是说，我并没有宣称人性本善，因为这一观点实际上是错误的，事实上，我认为人性在某些条件下是善的，而且要进一步说明具体是什么样的条件。

5. 这一观点阐述了人类心理新形象的本质，更为重要的是，也阐明了社会的新形象。社会因素不可避免地与内在心理过程相互影响，因为基本需要的满足对于个体高级本性的发展是非常必要的，而且基本需要的满足必须以人际关系、各种亚群体和更加广泛的社会因素为基础。这种情境意味着"良好的社会"可以被定义为能够为成员提供满足其基本需要的条件的社会。此外，良好的社会也可以被定义为能够使其成员达到自我实现的社会。当然，人类心理的这种新的形象只是正在形成中的时代精神、哲学或总体世界观的一部分。如果这种新形象被证实是准确的，也就是说它具备了充分的实证支持，那么人类的所有知识和人类生活的所有方面也都必须加以改变。当然，所有社会组织都必须变化，人类活动的每个产品也都必须相应地变化。我正在努力把自然科学也包括在这一大胆的表述之中，因为它们也是人类科学家的产品。我同样期望，这些非常重要的自然科学理论，比如生物学、化学甚至物理学，都因为人类心理的这一新形象而发生变化。

6. 需要注意的是，今天所说的管理学中的Y理论，我将在其基础上补充我的Z理论，这一理论也做出了相同的结论，因为它认为，尽管不是所有人，但大多数人都将在Y理论的假设和条件下得以提升。

7. 在这一完整的理论框架下派生出的一个必要的假设就是：人类的心理并不一定都是善的，或总是善的，甚至本质上是善的。只有在特定的外部条件下，人的心理才是善的。在"坏"的环境条件下，人们更有可能出现心理障碍和邪恶的行为。

因此，在所有关于Y理论，或我所说的优心态理论，又或人类心理新形象的讨论中，必须明确指出，人类实际上具有作恶和出现各种病态的可能性。

因此必要而科学的任务就是确认出现心理病态和邪恶行为的具体环境条件。其中一些条件很容易确认，因为这些条件就是使我们能够展现出高级本性的条件，也就是说，让我们能够变得"善"的条件的对立面。

8. 必须认识到，许多人基于各种理由反对这一整体性的世界观。可以说这些人处于一种绝望文化之中，甚至是一种恶意文化，在此文化中愤世嫉俗、怀疑论等特征占主导。这些人基本上认为，人性不可能是善的或者基本上是恶的，人们所表现出来的善的一面，可以用更加基本的解释来说明，他们认为人本质上是邪恶的、病态的或自私的。

9. 拥护绝望文化的人们一致认为，人类心理的外在表现具有误导性或者是错误的。他们坚持怀疑论和犬儒主义，认为善的人的存在、好的社会条件的存在和社会提升的存在都只是表面现象而已。在"黑暗"的表面之下存在更多消极的事实，因此而感到绝望。从这一怀疑论的观点出发，认为肉眼所见并非是"真实的"，更多的事实被隐藏了起来。

10. 通过重新解释思想史，将其看作对于人性和人类的揭露、贬低过程，从而有可能在一定程度上理解这种怀疑论。西格蒙德·弗洛伊德曾有一段著名的表述：哥白尼、达尔文和他自己曾经三次沉重地打击人类的自恋心理。我可以对这一表述进行更进一步的概括。也就是说，我还可以举出其他一些人物作为例证，这些人本质上也是"揭露者"，这些人都拒绝认为事物的表面是真实的，拒绝肉眼所看到的表面现象，坚持认为更加深层的、揭露程度更高或更加邪恶的解释才是正确的。比如马克斯·韦伯（Max Weber）。

许多当代的存在主义者认为笛卡尔是一个恶棍，因为他强调心理和身体的分离，但我认为这是不正确的。而且我可以举出一个人物的例子，柏拉图非物质（柏拉图式）的思想或本质表明，我们肉眼所看到的不比我们没有看到的现象更加真实。

我认为，整个思想史实际上就是一部贬低人性的历史。正因为如此，每一次试图将其整合起来的努力都以失败告终。民族主义失败了，技术科学失败了，强调共同富裕和繁荣的努力也失败了，君主制失败了，对于哲学之王的追寻失败了，贵族和上层社会的统治失败了。就此而言，从古希腊开始贯穿大部分历史时期的纯粹的民主制也失败了。

11. 我不认为历史是人类心理的真实体现。相反，它只是记录了人类的心理过程，记录了人类曾经做过什么。关于当代充分自我实现者以及良好的小型社会的知识表明，历史可以被看作一种统计性的概括。也就是说，我们可以通过历史去回溯自我实现者，比如圣人、贤者等，并真正找到这些人。然后我们就可以说下面这番话：用这种方式选择性地解释历史，寻求人们可能成为的最好的人，上述关于人类心理新形象的观点就有了确定的实证支持。

但是，只要大多数人还被放在一起作为一个统计的整体，那么就不能把历史与我们对人类心理在良好环境条件下的发展前景的思考混为一谈，因为现在大量人都经历的良好环境条件在历史上几乎是没有的，除了非常短暂和稍纵即逝的时期以外，从来没有过如今这样对于大多数人而言的良好环境。

马斯洛也许就是因为他极具说服力的人类动机理论而广为人知，这一理论是他于20世纪40年代中期提出来的，认为人类与生俱来的需要是有层级的，需要的满足最终引起自我实现。在马斯洛的晚年，他更加相信所有人都具有高级需要，而这一直被主流的哲学和心理学所忽视。在这篇未发表的1966年8月在缅因大学的演讲中，马斯洛分享了他对这一主题正在形成的新思想。

FUTURE
VISIONS

16

高级动机和新心理学

今天早上我改变了自己的计划。最初我希望讨论的是新心理学，即第三势力，与行为主义和弗洛伊德理论完全不同，通常被称为人本主义或存在主义心理学。我最初决定用历史学的方法探讨这一新的心理学运动，特别是关于它对人类心理新形象的看法。

在如何看待人性方面发生如此彻底的变化是非常少见的，也许是一个世纪甚至两到三个世纪才可能发生一次。现在我们正处在对人类心理的认识发生切实改变的边缘，我最初想要讨论的就是这场革命。现在我们有足够的时间来完成这件事情。但当我和同事一起驾车外出的时候，我决定改变我的计划。而展示我正在努力思考的一些东西，在一定程度上是因为它是心理咨询和心理治疗领域非常重要的内容，同时也是我对人类整体的、全新的超人本主义心理学研究的最新成果。

我并没有带任何笔记，但我愿意尝试一下。我也承认，我对这一主题有一些害羞和胆怯。然而我发现，害羞一直是我进行脑力工作时的一个性格特征：当任何新的想法突然进入我的意识之中时，我首先会和它进行斗争。从精神分析的意义上讲，这种心理上的抗拒是一种非常常见的恐惧心理。我开始失眠、打冷战，甚至消化不良。但我也会感到自豪，因为我正在和某个强大的对手做斗争。我渐渐明白这意味着在我的大脑中一些富有智慧的东西即将出现。因此到了现在，在接近 60 岁的时候，我终于明白，如果我开始失眠、出现消化问题、闷闷不乐和严肃，实际上是个好的征兆。我的妻子会恰如其分地说："又要有好事了吧？马斯洛？"

我正在建立一个新的理论，但我还没有足够的勇气完全接受这一理论的内涵。它差点吓坏了我，如果这一理论会推翻主流的心理学思想，这意味着什么，对此我感到很害怕，但也激发了我内心的自豪与谦逊、自大与恐惧的冲突。好了，让我来试一下，如果我的声音开始颤抖，你会明白是什么原因。

高级动机的本性

我想考察自我实现者，即由于基本需要已经得到满足而不再被基本需要所驱动的人的动机。这些人要比你想象的数量更多。当然，他们的确不是那么普遍，但如果你想去找，就一定能找到，他们的基本需要已经得到了满足，通常会感到比较安全，而不是焦虑。他们具有归属感，感觉是家庭的一部分，而不是被排斥在外。他们的爱情和情感关系良好。在他们的内心深处，感觉自己值得被人爱，值得拥有他人的情感。他们有很多朋友，如果幸运的话，他们有自己非常爱的人。他们的自尊问题解决的很好，因此他们尊重自己。他们没有沉溺于自卑之中，有强烈的自我价值感。

在他们身上会发生什么呢？虽然不是全部，但他们当中有相当一部分人具有存在性价值观，也就是说，他们坚守这些价值观并认同这些价值观。从统计角度来看，我估计这些心理最健康的人约占美国成年人总数的1%。这些人几乎都对自己的生活有着非常清晰的使命感，即从事一种有意义的职业。他们以非常实际的方式从事着自己热爱的工作，工作这个词完全不适合他们的生活方式。

我翻阅各种词典去寻找与职业这个词汇相关的词汇和含义。例如像教士一样的职业，而不是那种冷酷、完全为了钱的职业。我所研究的所有自我实现者都有着教士意义上的职业。

接下来我要讲的是，这些职业本身实际上是很普通的。例如，我的一位研究对象是一位实习精神科医生，他非常喜欢精神病学这一领域。另外一位女性特别喜欢成为"氏族母亲"，也就是全职去照顾家族中的许多孩子，全力去照顾她的侄子和侄女们。还有一个是律师，渴望全身心献身于法律。因此，可以说不同的职业本身并不是所有问题的关键，一个人可以成为一名自我实现的律师，也可以成为一位卑劣的律师。

相反，对自我实现者而言，最大的差异是：他们的活动成为表达其日常生活中永恒的终极价值观，即真、善、美的渠道和媒介。如果一个人对不平等的现象非常生气，就会卷起袖子，放下手头正在做的事情，拼命地工作，熬到深夜，从而与不平等的现象做斗争并最终击败不平等。在正义得以彰显的时候，他会体验到深刻的满足感。

在与这个人交谈时，我发现他非常热爱法律：他在谈论法律的时候就像是在赞美自己的爱人。同样，另一个人对音乐这样的艺术审美的价值也抱着同样的感受，还有一个人试图通过科学的手段来揭示真理，他对此也抱着相同的感受。

这一认识让我非常震惊。我记得曾多次阅读柏拉图的《理想国》，柏拉图在书中说，终极的善涉及终极价值观的思考。我发现有些人正在他们的现实生活中践行着这些终极价值观，这令人非常惊讶。这些人可能是律师、教育者、科学家或食品杂货店店主，但实际上来说，他们是智者、是圣人，即使他们头顶并没有神圣的光环，他们穿着和其他人一样的衬衣，系着一样的腰带，穿着一样的鞋。

我承认我花费了相当一段时间才理解了这一观察的结果。在我的一生中，我一直认为圣人和高贵的人看起来是与众不同、极其神圣的，他们热爱正义和美。为了改变我的这种错误的观念，我建立了各种心理练习的方法，多年以来我一直和学生分享这些方法。现在我可以在看到一个人的时候，非常清晰而没有任何陈词滥调地说："这个人在14%的程度上是圣人。"

也就是说，我开始认识到，每个人都在某种程度上具有这些高级的品质。因此，主要的问题是，"他有多少神圣性"，以及"他有多害怕这种神圣性？他多大程度上抑制了这种神圣性"。

因此，我最终认识到这一点：这个房间里的每个人都有一定的神圣性，即富有智慧、热爱正义、愿意为正义而斗争和有时被讥笑为"童子军"或"空想的社会改良家"所具有的品质。在犹太人的传统中，对此最好的描述就是希伯来语"正直而有道德的人"。在我们的文化中，这个词语并没有包含任何有害或激起怨恨的含义。一位正直而有道德的人是将圣人与政治家最优秀的品质结合在了一起，充满智慧又非常务实。

在当前的美国文化中，大多数人都不大愿意将自己看成这样的人。他们更愿意被看成是坚强、冷酷、强势，对任何事都不服软的人。但我已经学会如何打破人们对于他们这些神圣品质感受的障碍。我会对看起来意志很坚定的商人说："现在，听着，如果一个人做了好事，我就会说他是一个童子军，那么你因为什么被称为童子军呢？你想为这个世界做什么好事呢？"

许多人听到这么直接的话会感到脸红，他们真的会脸红，这是我所知的道德唯一可以让大多数人脸红的方法，即使谈论有关性的问题也不会如此。但如果让他们吐露自己最高动机和冲动，他们就会脸红。而且如果我顺着这条线继续问下去，"指责"他们博爱的品质，他们通常会表示承认："是的，我愿意做那种高尚的事情。"

对存在性价值观的认同

下面我要探讨的是存在性价值观。对于在生活中践行存在性价值观的人，这种价值观已经成为他们的标志。换句话说，这些价值观，即美、正义、真等，按照弗洛伊德的观点，已经被内化或向内投射，被彻底吸收成了他们自己的一部分。存在性价值观成了自我的一部分，如果有人想把这些价值观从这些个体身上移走，就像是要摘掉他们的一个身体器官一样。从这个意义上讲，这样的行为将会是有害的，甚至可能是致命的。

然后，我又有了新的想法。如果存在性价值观既存在于个体内部又存在于外部，那么它的本质与形式究竟是什么呢？由于缺乏适当的言语，会出现一些非常特别的东西。如果我的自我认同包含了外部世界的东西，那么这种自我认同就是我概念化自己内部存在的方式。如果真理的存在性价值观对作为科学家的我而言非常重要的话，我甚至无法想象如果没有它会怎么样，那么真理的确就是存在于外部的。真理同样存在于你和我之内，突然，一种矛盾的统一体出现了。自私与利他、自我与他人、我的存在与世界上其他一切存在之间的对立都被超越了。我已经把世界融入了我之中，因此可以说，世界就在我的血液里。

关于这一点，你可以去阅读由哲学家、圣人和像斯宾诺莎这样的西方思想家的各种著作，这个问题就可以理解了。当然，现在我是想作为一个科学家来表述自己的分析。

接下来我想做的就是对我的理论研究进行实证检验，来决定以下问题：自我实现者和健康的人内化了存在性价值观，这一假设在多大程度上是正确的？如果这一假设正确，我们如何推动更多的人去更加全面地认同他们的这些价值观？先把精英人物定义为具备存在性价值观的人，然后提供具体的方法来帮助每个人加强这些价值观,这样似乎比较明智。这种方法被称为超越性咨询,是将常规的心理咨询师、心理治疗师和教育者的角色结合在一起。

假设我所说的一切从实证的角度看都是正确的,那么这些存在性价值观实际上就是人类的最高动机,是大多数心理成熟、健康和发展完善的个体都具有的动机。作为一名超越性咨询师,我就可以说:"如果你非常幸运,生活对你足够好,你生活的社会足够好,你就可能获得所有需要的爱和尊重,并逐步拥有这些动机。一旦你感觉获得了足够的自尊和自我价值,你就会转向另一个动机领域。"

我将这一领域称为"超越性动机"。它的存在超越了基本需要层次。因为存在性需要并不是一般意义上的匮乏性需要,比如婴儿需要爱抚,你就去亲吻他、依偎着他、拥抱他,直到婴儿感到满足。精神病学家大卫·利维称这种技术为替代性疗法,从本质上讲,是给原本没有感受过温柔和爱的关怀的个体提供温柔与关爱。

存在性价值观很明显不是匮乏性需要。它们是超越性需要,具有不同的性质。我在这里描述的是成长性动机,成长性需要与匮乏性需要也是完全不同的。你绝不会厌烦成长,这是与基本需要最直接的不同,基本需要肯定是可以得到满足的。

例如,你喜欢吃牛排。你可以吃完一块之后再吃第二块,但最终你会明白太多的牛排会让你作呕。对爱情来说同样如此,包括对身体的爱,甚至是爱的言语表达都是如此。到了某个点,你就不想再要更多的身体之爱和爱的言语。你会感觉足够了。

但存在性需要作为动机时,绝不会出现相同的情况。你绝对不会在某个时刻说,"我再也不想听到任何真理了"或者"我再也不想看到正义了"。

现在我的理论推导已经到了一个全新的阶段。我承认，此刻我如履薄冰，因为实证的基础还不那么强大，但这些想法让我无法入睡，失眠症再次复发。不知怎的，我有了这样一个假设，存在性需要被剥夺会导致情绪疾病，或者我所说的超越性病态。如果有 16 种存在性需要，就会有 16 种情绪性疾病或超越性病态的存在。

例如，我认为长期被剥夺探知真理的权力会导致情绪困难，长久被剥夺接近美或正义的权力也会导致一定的内在问题。正是因为如此，我认为每个人都有在日常生活中体验存在性价值观的内在需要，这种需要被剥夺或受挫都会导致情绪问题。

我能用具体的例子来支持我的理论吗？当然可以！因为人类历史上曾经很不幸地出现过整个社会，像纳粹德国，所有民众都被剥夺了探究真理和正义的权力，从而出现了各种各样异常状况。当前世界上还有很多地方缺乏新闻出版的自由，人们因为害怕被监禁和射杀而不敢公开谈论某些事情。因此我认为，在这些国家将会出现多种情绪异常问题。这是我的看法。

美国社会中商业电视对于存在性价值观的影响虽然不至于是毁灭性的，但绝对是非常有害的。我认为它会使人们道德沦丧、腐化堕落进而摧毁人们的精神，对那些还没有能力应付这种影响的小孩子更是如此。他们在看节目的时候会对节目里的英雄人物留下深刻的印象，广告间隙这位英雄人物就会告诉这些年轻的观众，"好了，小朋友们，我希望你们也去买这种早餐麦片"或者"这就是我想告诉你们父母去买的那种玩具"。因此，美国的电视节目正在摧毁着孩子体验真理的能力，我相信这种情况会导致他们出现各种超越性疾病。

　　再考虑一下关于美的存在性价值观。如果我们生活在一个没有美、完全丑陋的世界中会是什么样子呢？是的，这样的情况我们是有所了解的，因为我们周围有很多这种丑陋的地方，例如一些臭名昭著的城市社区，在那里我们可以看到这些丑陋的东西对人类精神世界的影响。当然，这也会引起一些内在的疾病，而这些疾病并不是美国医疗协会在当前的目录中所列出的那些疾病。我并不是说这些疾病会侵犯原本完好无损的健康的人体器官，也不是说这些疾病没什么大不了，很容易被治愈。相反，这些超越性疾病是系统性疾病，会影响个体整个的心理和身体。

　　设想一下，如果一个人生活在无法接触到真理的社会之中，这样的个体就会出现一整套对这种生活方式的有害情绪，甚至是生理上的反应。我们还可以想象一下，一个生活在完全缺乏美的城市社区的年轻人，所有的一切都非常丑恶，这种生活条件会对他产生显著的情绪甚至是生理上的影响。

　　如果你们到现在为止还能跟上我的推理过程的话，我现在所说的是：存在性需要对我们日常生活中的整体健康是非常必要的。对于存在性需要，我们的确是需要的比较少，但就像我们的身体对于镁或锌等微量元素的需要一样，这些内在需要仍然是切切实实存在的，也是无法逃避的。就像为了我们的健康机能而需要通过饮食吸收一定量的镁和锌，我认为，为了内在的幸福感，我们也都需要吸收或体验纯粹的真、正义和美。矿物质和维生素的缺乏必然会引起各种疾病，我认为存在性价值观的缺乏也必然如此。

现在你能看到我的观点所蕴含的巨大社会内涵吗？如果一个婴儿生活贫困，缺乏饮食，那么任何一个社会工作者都会立即说："那个孩子在家里的饮食中没有摄入充足的维生素 B，我们必须给他提供，否则这个孩子就会死亡。"那么同样，未来的社会工作者、心理咨询师、教育者和心理治疗师也一定会说："这个孩子生活在一个没有关于美的存在性价值观的环境中，我们必须让他接触美的环境，以防止出现超越性疾病。"

如果你接受我的观点，那么就会看到我如何将关于价值观、哲学以及相关问题的整体讨论推进到生物和物理领域之中。"人类需要生活在公正的世界之中"或"人们需要在生活中体验美"，这些不再是美好的抽象化的东西。相反，我们想说的就是，每个人与生俱来就有体验高级价值观的内在需要，就像与生俱来就有对于锌和镁的生理需要一样。因此这些论述就是要说明，我们的高级需要和动机是有生物基础的。

我承认接受这一观点是很困难的。我们已经习惯相信人的本性是具有极强延展性的，人可以变成任何环境想让其成为的样子，但我的数据清晰地表明并非如此。因此我们必须从不同的角度重新审视自己。这就是我所说的"几个世纪以来，人性被严重做空了"这句话的含义。由于我的理论表明，从某种意义上讲，每个新生儿都可能是柏拉图，所以每个儿童都有对有关美、真理和正义等最高级价值观的本能需要。

如果我们可以接受这个观点，那么关键的问题就不是"促进创造力的因素是什么？贝多芬是如何被培养出来的"，而是"为什么并非每个孩子都是贝多芬呢"。这是现在必须加以解释的问题。人类的潜能丧失到了什么程度？是如何被扭曲的？每个人都会有所创造，面对这种普遍的创造性，我们不需要大惊小怪。

能够接受这一观点的人就是我所说的道家式的助人者，他们控制自己不去塑造、铸造和指导一个人。我并不是说婴儿在成长中不需要我们的帮助。当然，他们的确需要我们的帮助，否则他们就会死掉。但我们的帮助应该在道家思想指导下进行。这意味着，作为父母、教育者和职业咨询师等，我们需要有意识地为儿童提供存在性价值观，就像我们有意识地为他们提供各种维生素以满足他们对于锌、镁和钙的生理需要一样。现在，好的父母不会说："小约翰刚好摄入了足够的钙所以很健康。"相反，他们会确保约翰的饮食中包含了充足的这些矿物质和维生素。同样，未来的父母会说："约翰需要在成长的过程中体验美、真理和正义。我们必须为他提供这些存在性价值观，否则他会受害。"

这种方法就是我所说的超越性心理咨询，指导但不强迫个体体验存在性价值观。职业心理咨询师在此过程中大有可为。我记得我在大学发现心理学时的情景。原来我一直在法律、地质学和数学中苦苦挣扎，而心理学是如此的与众不同，就像是陷入爱河一样。一个人的理想职业就是能够表达自我职业：这是发现个体的身份以及个体真实自我的方法。世界上最幸运的人就是因为爱而有所得的人：他们因为某事而神魂颠倒，并且发现自己可以以此为生。从这个角度来看，有效的超越性咨询师能帮助人们发现他们自己特殊的潜能，并按照我所说的老子式的方式去发展他们的潜能，而不是用干预的方式进行。

原则总结

对我而言，已经有了充分的证据使得关于高级动机的这一主题具有很强的说服力。但我也承认，这可能还不足以使一位严谨的实验心理学家信服。到目前为止，大多数的支持性证据都来自临床和个人体验，而不是严格控制的实验室实验，尽管我完全相信最终一定能获得这方面的证明。基于已有的证据，可以提出以下主要原则：

1. 每个人类个体都有高级本性，远比我们以前怀疑的好。这种认识在当前的心理学中是革命的一部分，而且已经获得了坚实的研究证据，甚至包括对于我们灵长类遗传特征的研究。

   例如，给人留下深刻印象的大量实验室数据表明，仅仅为了从自己的笼子里向窗外看看，看看在它们周围的房间中发生了什么，猴子会去做各种各样的任务，为了得到向窗户外瞥几秒钟的机会猴子会像疯了一样的工作。你能从它们的眼神中看出强烈的渴望。同样在实验室中也发现，猴子更愿意看动态而不是静止的事物。随着设计更加复杂的这类实验室实验越来越多，我们完全可以研究猴子和人类的婴儿对于各种活动、感官体验等的偏好。因此我已经可以说，所有人都有天生的好奇心，驱动我们体验新鲜事物的动机是与生俱来的。

2. 人类可以改善自己的心理，而且也确实得到了改善。对于这一宽泛的主题有大量的争论，但我要说的是，人类的心理不可能变得十全十美，这是不可能的，也许在某一很短暂的时刻有可能。相反，我只是说人类可以改善自己的心理状况，我们会帮助他们这么做，心理治疗和人本主义教育应该成为助人的科学。

而且我并不是暗示，人类的进步是不可避免的、是无限的，就像 18 世纪启蒙运动开始时一些思想家认为的那样。进步肯定不会自动实现。

用大白鼠等低等动物进行的大量实验室研究表明，刺激环境是健康有机体发展的关键。也就是说，如果不能生活在一个适当的刺激环境中，白鼠在成长中极可能出现脑萎缩。这一实证证据对于人类似乎更加有效。

3. 人类社会作为整体是可以加以改善的，可以被改善，也的确得到了改善。但我并不是说可以获得完美的进步，我也不是说任何社会都可以变得完美。相反，我只是说，人类社会是可以得到改善的，这个任务我们是可以胜任的，我们能够学会如何有效地完成这一任务。要注意的是：这样说并不是否认人类明天有可能会在核灾难中毁灭。这也是可能的。社会改善也不是必然发生的。

4. 机能完善的个体对生活充满热情。当前许多年轻人错误地认为，好人不知道为什么会比较无趣、单调和沉闷。许多接受心理治疗的神经症患者因为害怕变得无趣而不想放弃他们的神经症，但这并不是看待人格发展的正确方式，这只是"做空"人性的另一种方式。相反，追寻存在性价值观，成为道德高尚、心理健康的人是世界上最激动人心的事情。这一点儿也不无聊，也不沉闷，也不乏味。

5. 所有人都有实现自己潜能的权力。原则上，世界上任何一个新生的婴儿都有能力这样做，也可以在帮助下做到这一点。这一观点必然会引导我们去讨论理想的人类社会，及其要求每个社会成员承担的义务。例如，在这种情境下，机会均等意味着什么？在当今的美国社会，就基本需要和超越性需要而言，每个婴儿在人格发展方面的机会严重不均等。这种状况必须加以改变。

6. 人类是一个单一的物种。这一表述似乎非常清晰。因此在原则上，我们应该能够建立统一的全球性政治，这一点似乎是说得通的。

7. 人本主义和存在主义心理学家比以往任何时候都更加知晓，所有人都拥有某种潜在的需要和价值观，而且如果这些价值观被否认、诋毁或没有得到满足，就会导致某种形式的疾病或超越性疾病。此外，在更广泛的意义上，人本主义科学有助于为人类提供这些关键性的价值观。这一观念标志着科学理论的巨大革命，科学理论一直被认为是与价值观无关的。

8. 最后，极乐存在于实证主义体系之中，存在于个体的内部，极乐的出现是偶然的，特别是在高峰体验之中，是短暂的、转瞬即逝的。这一证据表明，我们必须改变对于幸福的信念，认为幸福是可以随时随地获得的意识状态。相反，我们的研究表明，人们总是追求水平越来越高的极乐体验，也确实存在真正的幸福、快乐和狂喜；研究也表明，极其快乐的高峰体验最终都将失去光彩、失去新奇和影响力。不管能活500年还是1000年，追求新鲜刺激都是人类的本性。

从这个角度讲，我们必须抛弃由来已久的关于极乐体验的概念，将其看作非常快乐的退休状态。如果你喜欢钓鱼或倾听贝多芬的音乐，决定退休以后一直去乐享这些活动，有大量的临床证据表明，你将最终变得非常悲惨。是的，尽管你对这些活动的幸福体验确实是真实的，但依然会腻烦。因此在某种意义上，我们必须为无法避免极乐体验的消退做好准备，必须理解人们对于极乐的无限追求是人类的本性。

好了，今天上午我已经讲得够多了。这些都是我对超越性动机、人类的高级动机的新思考。我相信，这些思想在未来人本主义和超人本主义心理学的发展中会越来越重要。

在马斯洛极富影响的整个职业生涯中，他一直认为现代心理学忽视了人格的许多关键之处。其中他经常提到的是，我们的情绪需要和利他、审美、创造、胜任、正义、爱和追求真理的能力。这篇未发表的文章是1961年3月马斯洛在布兰迪斯大学的一个研究生研讨会上所做的报告，在这个报告中，马斯洛展示了他对幸福与悲伤这一矛盾体，特别是通过高峰体验所揭示出的两者之间关系的极富想象力的看法。

FUTURE VISIONS

17

欢笑与泪水
心理学遗失的价值

审美体验正在从心理学中消失。从更加宽泛的意义上讲，价值观也正在从心理学中消失。到目前为止，真理是唯一被强调的价值，但即使如此，真理也并没有成为终极价值观。我希望在人性的一般理论中能够有价值观的一席之地。

我们先从幽默谈起。一提到世界上最优秀的人，即那些获得自我实现的人，我们脑海中通常会展现出一副非常严肃的形象。我们认为这些人非常严肃,甚至比较傲慢。

这种构想本身提出了一个非常有趣的问题:为什么我们从来没有把一些伟人想象成笑呵呵的样子呢?但不管怎样,我要告诉你们的是,我所研究的自我实现者一点儿也不严厉,一点儿也不缺乏幽默感。他们的幽默既不是纯粹的宣泄,也不是充满敌意。整体上看,他们的幽默包括了我所说的哲学式幽默、教育式幽默、存在性幽默和自我实现幽默。我研究的所有历史上的和还健在的名人中,亚伯拉罕·林肯最好地展示了这种幽默。

这种幽默产生于人类心灵的何处呢?它并不仅仅产生于对快乐和幸福的感知,或者一般意义上的存在性领域。我们有义务用更大、更加引人注目、更加时髦的词汇来对其进行构想,我们必须探讨狂喜、极度欢喜或欣喜若狂,而不仅仅是喜悦,而且它当前的含义是对于宇宙荒谬性、人类内在荒谬性和人际关系荒谬性感知的一部分。例如,我看到一个非常卑微的小蠕虫想成为神,一个想依靠自己的后腿站立起来的灵长类。这是对于自负的一种嘲弄。一方面,我们的自负是严肃的;但另一方面,它们永远无法实现。因为我们的这种自负严重忽视了死亡的现实。

在体验爱和真正的审美过程中,欢笑时常会出现。小说家托马斯·沃尔夫(Thomas Wolfe)曾非常贴切地描述了这一现象:当我看到美的事物,就忍不住用一种狂喜的方式欢笑。看起来似乎很矛盾,我们也会有一种痛苦的倾向:美的事物美得如此非凡,让我忍不住流泪。

快乐与痛苦的统一

在人类的心灵中，快乐与痛苦是相关的吗？是的，我曾观察到，在我们存在的最高层次，包括快乐与痛苦在内，常见的二分法是解体的。纵观历史，这两种品质大多时候都处在一个连续体的两个对立的端点。也就是说，生活中快乐越多，痛苦越少。但对于精英人物、自我实现者而言，这种外在的极点消失了，两种品质已经以某种方式交织融合在了一起。

这种高层次的内在状态有很多例证。在高峰体验中，痛苦和快乐本来就是融合在一起的。最明显的例子就是爱。在一般意义的爱这一连续体中，我们可以列出很多种情境，例如抽非常好的雪茄，吃非常美味食物，参与一场引人入胜的游戏等。但这样的爱对其他人而言是处在相同的连续体中的吗？似乎并非如此，性质可能完全不同。

在性高潮这样快乐的时刻，人们有时也会描述一种"美丽的痛苦"，而且几乎同时会突然闪现一种死亡的知觉。在这一能够想象到的最具有生命活力的情境之中，死亡居然从后门偷偷溜了进来，为什么会如此呢？也许是因为在激情中去完成某件事情不可避免地会带来某种悲伤，不管是绘画还是写作。当然许多作家经常会出现一种"出版后抑郁"的情绪状态，感觉悲伤而筋疲力尽。因此这实际上就是一种二分法的融合。幸福与不幸福、痛苦与快乐看似两极分化，却可以被超越，因此我们必须用一种不同的方式来看待它们。

基于此，这样说爱可能更加准确：快乐越多、痛苦越多；幸福越多，悲伤越多。我们出神地、充满爱意地看着孩子在高兴地玩耍，但同时一种悲伤的感觉也会出现。因为我们知道生活中必不可少地会出现失望、痛苦和烦恼，这个孩子必然会遭受这一切。我们也知道死亡是无法避免的。

我记得我的大女儿安结婚的那一天。天气非常好，一切都很好，但突然我失声痛哭。当着我邀请来的客人，我觉得很不好意思。但这种悲伤的情感无法抑制。过后我曾试图去分析自己当时的反应。婚礼的确是一种高峰体验，我也确实感觉很幸福，安也是这样。但是在幸福之中，我确实在想，"安以为生活将永远会如此美好，她会和她的丈夫永远幸福地生活在一起。"当我意识到对安来说，生活难免会有失望，我便忍不住哭泣。

因此在所有幸福的时刻，悲伤也会同时出现，痛苦深深嵌入快乐之中。我注视着一朵美丽的花朵，常常感到悲伤，是因为我知道它终有一日会凋零，它的生命会结束，我知道我们不可能永远体验它的美，我们也会死去。

在存在性认知中，我们认为死亡是存在于当下的。例如当你站在我的面前，我会看到你的身体状况正在恶化。你已不再是 10 年前的你了。这种意识让我悲从中来。此刻，我看到你即将陷入困境。例如你并不知道我对于中年人真正的心理困难了解多少。我们都知道终有一死，但并不知道死亡是什么样子的。在对存在性认知有了充分的认识之后，就有了对于死亡的认知。这就是那些有过高峰体验的人告诉我的。

记住，我并不是在这里内省。尽管我是从自己的主观内省开始谈起的，但这次的报告的内容和许多人的感受是一致的。首先必须承认，这些描述曾经令我非常惊讶，我们还不习惯用这样的术语来进行思考。

我在这个领域中的理论具体开始于20世纪30年代中晚期我对于性欲历史的研究。我访谈的人员经常会详细地讲述在性高潮的时候悲伤、痛苦和死亡的感受。当时感觉越快乐，接踵而来的悲伤就越强。就好像这两种品质是紧密结合在一起似的。如果你深爱着某个人，在你注视着她的时候，你会意识到她不会永远如此，她终将死去。

换句话说，我正在根据实证研究的结果重新定义幸福。我要告诉你们的是，最幸福、最狂喜的时刻本身就包含着悲伤和心酸。用某种奇特的方式来说，这种悲伤也是一种美。如果我们将其拿掉，可能就毁了高峰体验。

一个相关的原则是：顿悟常常与悲剧相伴。设想一下在你40岁的时候突然发现自己以前所有对于生活的态度都是错的，20年的成年时光都被浪费了，所有时光都过去了，再也不会重来。在认识到这一点的时候，你肯定无法抑制自己的悲痛。

还有一个关于时光飞逝的例子。设想一下如果你一生中曾有过一次高峰体验，之后再也没有出现过，这是一件多么令人悲痛的事情，因为这意味着你曾经生活在天堂，但又被赶了出来。现代英国作家C. S. 路易斯（C. S. Lewis，1956）曾在他的著作《惊悦》（*Surprised by Joy*）中经讨论过这一现象。他曾经经历过高峰体验，当他有意识地努力试图再次经历高峰体验时却没有成功。然后他感受到了真正的悲剧，并认识到欢乐的存在一定会使我们感到"吃惊"。

高峰体验之后我们几乎都会感受到一种悔恨感，我们会问自己，"为什么不能一直这样呢？"或者，当我们突然顿悟，感觉自己很智慧的时候，我们经常会问自己，"为什么我们这么愚蠢？为什么人类这么愚蠢呢？"

想象你正站在山巅之上，下面的河水蜿蜒流过。河里有人正缓慢地逆流而上，有人正顺流而下。他们都处在当时的情境之中，看不到前方如何，但你可以看到。也就是说，你既可以看到他们的过去，也可以看到他们的未来。你既可以看到河流分叉处的状况，也可以看到河流前面要到达的地方。但你处在山巅之上，无法改变这条河流。此外，我要告诉你的是，在存在认知的状态下，你不会去想改变这一切。你只是思考者、观察者、道家式的非干预者。或者，想象一下你正在看一场戏，剧中的人物并不知道实际上正在发生什么，但像神一样的观众却洞察一切。

在高峰体验期间，你比身在情境之中的人有更为超越的观点。因此你会感到悲伤或荒谬。就好像你坐在墙头看着两边的人打架，悲伤地对自己说："这场冲突太荒谬了。"你感到悲伤同时又感到可笑。

想象一下当前匮乏性世界中人类的愚蠢和错误，我们会对像纳粹这样的事件感觉非常负面。但如果从更高的 5000 年的视角去看的话，我们可能会允许自己将这一事件理解为既愚蠢又带来了巨大伤害。

在存在性领域和匮乏性领域来回转换是非常必要的。即使我们站在高高的山巅之上，也必须偶尔回到下面的日常争斗之中。完善的心理必须记住，当我们在河流中航行的时候，也必须能够考虑山巅之上所看到的一切。

例如，有时我会在课堂上讨论很"高大上"的话题，后来也会发现自己和学术主任为了一个看似非常琐碎的管理问题而争论不休。这两种状态其实都是必要的。在某种意义上，与学术主任的争斗来源于高峰体验中虚幻的体验。

从存在性领域看待匮乏性领域是非常重要的一种尝试。当然，如果我们具备了永恒的观点，我们的日常行为都将因此而变化。陀思妥耶夫斯基（Dostoyevsky）笔下的伊凡·伊里奇从未到达过山巅，他的一生卑微而愚昧。

如果不能携带任何永恒世界的高峰价值观回到匮乏性世界，我们的行为就是愚蠢、卑微的，像傻瓜一样。而且我们的内心会支离破碎。

感受宇宙的荒谬

悲伤包含着幽默？幽默是情绪性的回归，却也是个体渴望的健康的回归。在经典的希腊悲剧中，悲伤的确被视为幽默。当然，我们不能完全严肃地看待生活。一般来说，能幽默对待看似悲伤的事件的人更令人喜欢。这是他们情感坚强，而不是脆弱的信号。

例如，我记得，听说我的岳母在因为尿毒症而将要去世的时候，出现了各种幻觉。她看到一些小人在壁纸上走来走去，在意识到这是幻觉的时候，她对这些幻觉开起了玩笑。换句话说，她能看到自己身体上的痛苦与烦恼的幽默的一面。如果丈夫和妻子都对他们自己的疾病少想一些，我敢肯定他们的婚姻会更加稳固。

女人常常说男人是非常令人讨厌的病人：一次小小的感冒可能会变成巨大的悲剧。女人发现自己就像是男人的母亲，像照顾婴儿一样照顾他们。这没有什么，但男人看起来确实比较荒谬。我认为，能够对整件事情采取永恒性的观点，没有完全纠缠于现实痛苦时刻的人，我们会更加赞许。

我们以一个极端的情境为例。你了解黑人诗人兰斯顿·休斯（Langston Hughes）的幽默吗？或者传统犹太人幽默的本质吗？这些幽默都表明，在人生的某些时刻，无法欢笑简直会将你杀死。你一定要能看到整个情境中的荒谬之处，特别是在你的剥削者和压迫者的愚蠢之中看到荒谬之处。兰斯顿·休斯曾经描写过生活在美国的黑人们悲惨而荒谬的处境。他曾经提出，如果他们可以嘲笑自身遭受压迫的疯狂与荒谬，他们的心理状况会好很多。

将自我实现理论化真正的危险是，我们如何把山巅的景色（过去和未来幸福的融合）与匮乏性世界（是主动参与社会问题所必需的）整合起来。因此，民权运动中的工人们可以精彩地谈论未来时代的正义与和谐，却不得不为了得到一杯普通的咖啡而战斗。这种战斗必须去完成，并非毫无意义。

我们不能只采取对生活理想化的观点，也需要实用主义。面对真正的非正义，我们不能对自己说："现在，我们就顺从地躺在刽子手的屠刀之下吧，这将是未来3000年都有效的策略。"

自我实现者可以成功地在这两个世界中生活。例如，我所认识的人类学家露丝·本尼迪克特，她是一个伟人。在某种程度上，本尼迪克特超然于世，她是一位诗人，她每天至少有一个小时将自己与电话、专业会议等隔离开来，过着一种私密而严格的生活。但她同时通过自己的人类学田野工作、教学与写作积极为建立一个更美好的世界而努力。

个人的勇气在这一切中发挥着怎样的作用呢？我发现，在四五十岁时，我们要比年轻的时候更容易表现出勇气。一个永恒的人类问题似乎是，如何将我们高层次的希望和理想与感知到的自己的局限或人类的一般性局限结合起来。在世界上其他人眼中，我们可能是一个英雄，但我们自己知道，我们只是一个能力有限的动物而已。

我们如何将似神一般的品质和作为人所具有的品质结合起来，这是一个根本性的问题。如果你在这个班上能脱颖而出，你将能成功地解决这一问题。如果你不能正视自己的过去，就无法成为一位优秀的心理学家。你必须让自己的理想和目标更加远大一些，否则你就是个傻瓜，或者是个在沙滩上捡贝壳的半吊子。

然而"远大"会有些危险，毕竟我们不是神，我们会烦恼、会死去。不管怎么样，我们的任务就是把这些品质整合在一起。一方面，如果自己不能管理自己的不可靠感，就会成为偏执狂；另一方面，如果我们不能保持自己英雄般的理想，就会成为令人讨厌的坏人。拥有太多未经检验的远大理想，就会成为偏执狂；而太关注局限性又会成为强迫症。

最后，永远要记住的是：没有了幽默，就是偏执了。

20世纪40年代中期,马斯洛的研究兴趣已经彻底转向了人类的动机与人格。此前他已经形成了影响深远的"基本需要层次"理论,并开始努力解决人性本质这一新的理论问题。基于乐观主义倾向,马斯洛明确否定了弗洛伊德认为自我满足是人类首要动力的悲观论调。下面这篇写于1943年未出版的文章是他在布鲁克林学院人格心理学课程的记录。

FUTURE VISIONS

18
人的本性是自私的吗

内容提要

1. 关于人性的所有价值体系都根植于心理学假设,即人要么是自私的(罪恶、软弱、愚蠢),要么是无私的(友好、善良、合作、智慧、理性)。还有一种特殊的价值体系是将这两种视角结合起来(例如贵族或君主体制的信念和"必须通过吓唬才能让人们变好"的信念)。

   作为以上观点的必然推论,以下每个人都可以被看作默认某一种人性观的代表：约翰·加尔文（John Calvin）、西格蒙德·弗洛伊德、阿道夫·希特勒（Adolf Hitler）、托马斯·霍布斯（Thomas Hobbes）、亚历山大·汉密尔顿（Alexander Hamilton）、托马斯·杰斐逊、马丁·路德·金（Martin Luther King）、让－雅克·卢梭、亚瑟·叔本华（Arthur Schopenhauer）和亚当·斯密（Adam Smith）。

2. 多个世纪以来，人们对于人性的看法一直被认为与宗教信仰、神学和哲学有关。但现在科学已经被引入进来，因此我们完全有信心找到一个最终确定的答案。甚至可以说科学答案的许多元素都已经具备。至少已经完全可以对人性进行某些科学的分析。

3. 这一问题存在语义上的混乱。像"自私"和"无私"这样的词汇，人们对其含义并没有取得共识。对于未解决的有争议的分析，我们通常会发现这些词汇的定义存在潜意识层面或含义背后的差异。这些词语并不适合进行科学研究，因为即使在同一个语境中，具体含义也会有所变化。

通过语义上的欺骗（背后所隐藏的含义），可以证明所有人是自私的，也可以证明所有人是无私的。

4. 只有众所周知的完全自私的人才是人格错乱的（人际精神变态），但是精神变态者的行为也可能是无私的。因此，我们需要区分自私行为、冲动和个体本身。

5. 有完全无私的人吗？看看下面这些：受虐狂、神经症依赖者、奴隶、完满爱情的认同者，这些例子再次表明区分人的行为与动机的必要性。因此，心理动力学的方法是必要的。纯粹的行为主义最终只能造成混乱。同时，区分健康和不健康的动机也是很必要的。
6. 这一争论来自对动物的观察。黑猩猩作为人类的近亲，也表现出了许多无私的行为，比如合作、利他和爱的认同等。基于对动物行为的观察来讨论人性在逻辑上是无效的。但如果有人提出这一争论，可以通过指出无私的进化基础来对其进行反驳。
7. 自私与情绪的不安全感有关，而无私与情绪安全感、自我实现和一般意义上的心理健康有关。因此我们可以说，无私倾向于是一种内在丰富的现象，或者是基本需要相对满足的一种现象。自私可以被看作一种过去或现在基本需要被剥夺、内在贫困和威胁的现象。埃里希·弗洛姆（1939）在《精神病学》（*Psychiatry*）杂志上的一篇名为《自私与自爱》（*selfishness and self-love*）的文章提出了这一领域非常有价值的观点。

对自私与无私的探索

自私的语义

在开始讨论时，我可以通过阐述自私的各种语义来把这个问题说得更清晰一些。实际上，熟悉这一概念的任何人都会期待这种介绍。

通常情况下，涉及基本且重要方面的问题，特别是已经存在很久的问题，几乎肯定会出现不同人以不同方式使用语义不同的术语，这些定义都比较独断，且与个人无关，各种象征符号与现实相混淆，以及各种各样不合理的抽象。

如果就人性问题追着那些对此持极端观点的人日复一日地去讨论，我们就很容易发现，他们的整个观点最终都是建立在某些对自私和无私内隐的、无意识的定义之上。我发现，那些说人类是完全自私的，而且这种自私是健康的人，最终都接受以下对于自私的定义：所有能够给个体带来快乐和利益的行为都可以被称为自私行为。

但稍加思考便会发现，这种定义含有很大的偏见，而且给整个问题预设了前提，因为该定义自动假定人类所有行为都是功能性的，也就是说，所有行为都是为了给个体带来某种利益或快乐。这种方式就是一种试图从隐含的先入为主的定义来进行证明的方式。

我们如何反驳这种观点呢？有几种方法可以选择。例如，我们可以对这一定义进行争论，人类行为毕竟存在差异，有些行为一定可以被称为完全无私的行为。或者为了讨论的目的，我们可以接受这一定义，并在此基础上强调仍然有必要通过词汇来区分个体行为之间存在的实际的、现实的差异，个体可以通过自己和他人的行为认识到这一差异。

如果我在星期一非常残忍地对待一个孩子，而星期二又对他很友善，这个孩子当然可以区分我的这两种行为之间的差异。即使我们从理论上假定所有行为最终都是自私的，但我们依然必须区分自私的自私行为和无私的自私行为。当然，我们不是想通过文字游戏来让这些实际存在的差异消失掉，但我们必须承认，在实际的日常生活中，人类是能够区分他们所说的自私行为和无私行为的，即使这种区分可能是错误的。

这一说法还可以换一种方式来表述：在现实世界中，我们能够发现行为之间的差异，尽管这些可能并没有反映在概念世界之中。

但只要这种差异确实在现实世界中存在，就应该被反映在概念世界之中。例如，我们有权力坚持给以下各种行为贴上不同的标签：给忍饥挨饿的朋友提供食物；拒绝为同样忍饥挨饿的朋友提供食物。当然，我们并不足以将这两种行为都描述为自私。总之，虽然通过词语的含义来摈弃或消除问题并不是一种解决问题的有效方式，但我们依然必须使用不同的词汇。

还有必要指出的是，对少数认为人类本质上是无私的理论家来讲也存在同样的问题。他们一般采用以下的定义：任何给他人带来好处或能够为他人带来快乐的行为都是无私行为。这一描述也是通过先入为主的定义自动化地假定所有人都是无私的。

语义学家指出了另外一点，自私和无私这两个词语被附加上了价值判断。在我们的文化中，自私的内涵都是消极的、是个体不愿意要的。相反，无私的内涵通常是美好的、是个体所渴望的。语义学家认为，当词语被附加上价值判断的时候，麻烦与困惑就必不可免。

从我们的角度来讲，我们不应该对此持有偏见。我们不能假设自私或者无私就是好的或者就是不好的，我们只能去探究真相究竟如何。在某些时候，自私是好的，在另一些情况下则是不好的。同样，无私有时候是好的，有时候也会是不好的。

总之，我们必须理解，要想把自私和人性的问题纳入科学的范畴之中，就必须首先用恰当的词汇给出更加精确有意义的定义。其次，为了避免任何偏见，在形成定义和术语的时候，必须摈弃已有的价值判断，采取更加客观、不包含价值判断的术语。

来自动物研究的证据

那些试图在自己的著作中展示人性基本上是自私或无私的人，常常用动物行为来支持自己的观点。这些作者有时候还会使用远古的"洞穴人"而不是动物的行为来佐证自己的观点。特别是哲学家、神学家和政治理论家经常如此。这些作者常常求助于寓言故事中狼、老虎、狮子等其他丛林中的动物来支持他们关于人类不可信的观点，这的确非常荒谬。

为什么这很荒谬呢？因为即使从理论层面来看，这样的理论也是完全无效的。我们不能依据其他动物的行为对人性做出任何有意义的描述。实际上，对某种动物而言正确的特征可能对其他动物而言完全相反。因此，这些理论家所采取的方法不应该被称为达尔文主义，而应该是伪达尔文主义。心理学家确实也会因为各种目的而引用对动物的研究，但他们引用的时候非常谨慎，而且也承认他们引用关于动物的研究只是对某个问题进行预研究，或者是对某个实验技术进行改进和提升，并不是要通过这些研究来揭示关于人类特质和品质的科学真理。

在此我并不想去详细地分析伪达尔文主义及其基本错误。它的荒谬性已经被充分证明，无须再赘述。

无论如何，伪达尔文主义常常会导致出现与其基本设想完全不同的关于人性的结论。为什么这么说？例如，为什么不把人与兔子和鹿进行比较，而要与狼或老虎进行比较？

可以与肉食动物进行比较，为什么不能与食草动物进行比较？很明显就能看出来，大多数伪达尔文主义仅仅是将人和世界上存在的众多动物中很少的几种进行了比较。

更为重要的是，如果我们将自己与我们的近亲——类人猿，特别是黑猩猩进行比较的话，在生物遗传方面似乎更少有自私、残忍、支配和暴虐等倾向，却更加倾向合作、友善和无私。后者正是黑猩猩一般性的行为。

除了在野生动物中所观察到的这些数据，现在也有一些实验数据支持这一观点。例如，大量实验证明，黑猩猩会帮助同伴，比如在邻居饥饿的时候把自己的食物给它们。强壮的黑猩猩常常是弱小的黑猩猩的保护者而不是主宰者。

在工作中与这些动物们打交道的人们都知道，它们可以形成真正的友谊，甚至是爱，不仅是与其他的黑猩猩，而且也可能与它们一起工作的人。

但我并不想做太多这种轶事类的观察。正如我前面所提出的，不管怎样这种思路本身是错误的。但我也发现很难抗拒这一富有诗意的正义，只要指出其他动物存在无私行为，甚至利他行为的例子，就可以战胜伪达尔文主义。这一立场有效削弱了伪达尔文主义通过研究其他物种所得出的结论：人类本性是自私、残忍和支配性的。

我想对有关远古的洞穴人做一个总结。一般认为洞穴人粗鲁、残忍、有攻击性，甚至性格恶毒，却完全没有证据支持这一观点。事实上，科学家对远古洞穴人唯一知晓的是解剖学特征，除此一无所知。由于洞穴人看起来很野蛮，所以一直就被假定其行为是很野蛮的。但与我们现在的人相比，洞穴人完全有可能更友善，也就是更加利他。虽然我并不确信这一论述一定是真的，但基于我有限的知识，坚持认为洞穴人是残忍的观点是无效的。

我承我们其实根本不了解洞穴人。关于洞穴人常常对他们的家人和朋友挥舞大棒的说法只是稀奇古怪的传说而已,至少不是科学的事实。因此,在评价人性是否自私这一问题时,我们一定不能被动物行为或传说中的洞穴人的行为所左右,它们在我们正在探讨的问题中没有任何意义。

"健康的自私"

我在前面曾经指出,自私和无私这两个词都被附加了不同的价值判断,也就是说,它们是容易招致不满的词汇,在某种程度上带有一定的偏见。某件事一旦被贴上自私的标签,人们一般都会认为自己应该反对它,应该对其持不赞许的态度。但随着精神病学和临床心理学的发展,我们必须摒弃这种简单化的方法。

例如,对于受虐狂的研究清楚地表明,大量看似无私的行为可能是由精神病理学的因素造成的,也可能源于自私的动机。我们不能只看无私行为的表面,它有可能掩盖了大量的敌意、嫉妒甚至仇恨。源于这些动机的无私行为,由于附加了这样的目的,肯定会被视为精神错乱。

在心理治疗的过程中,至少在某些情况下,有必要教会人们这些所谓的健康的自私行为,对于缺乏自尊、拒绝自己基本冲动的人,有必要教授他们一套全新的方式来思考自己,只有这样才能获得心理健康。换句话说,从精神病学的视角来看,以自我剥夺为代价来为其他人做事并不是一直可取的。

心理分析学家埃里希·弗洛姆(1939)对此进行了概括,不自尊不自爱的人不会感受到他人任何真正的尊重与爱。因此,区分健康的自私与不健康的自私、健康的无私与不健康的无私是很有必要的。具体来说，我们必须要说，行为与行为背后的动机是不同的。行为看起来可能是自私或无私的，但驱动行为的动机也可能是自私或者无私的。

这种一般性的结论通过心理健康和神经症患者的临床经验，以一种比较模糊的方式得到了支持。公正地讲，一般来说，心理健康与无私行为是相关的。但如果我们可以将行为与动机区分开来，就能更加准确地发现心理健康与我们所说的健康的无私行为之间存在非常高的相关。

对情绪健康者的一项研究表明，当他们的行为是无私时，这种行为往往是因为基本需要的相对满足而产生的个人内心丰富的一种现象，来源于内心的丰富而不是内心的贫乏。同样，对神经症患者的研究发现，他们的自私行为通常是因为基本需要被剥夺，包括威胁、不安全感和内心贫乏。

临床医生通常假定自私、敌意或令人恶心的行为一般都来源于个体基本需要受到冒犯和破坏，通常是威胁感、挫折感和冲突，不管是源于过去还是现在。

我们再一次用一个新的词语来结束。我们可以说无私是心理丰富，而自私是心理贫乏。

对儿童的观察

我们上面所描述的现象在儿童身上完全有可能非常清晰地展现出来。但不幸的是，儿童根本上是自私的，甚至比成人还自私，这一观点被人们不加深究地接受了。这一结论是如何出现的已经很难考察，因为即使是对儿童非常偶然的观察，至少是对那些情绪健康的儿童进行观察，都会发现许多真正的利他、慷慨、无私的行为。实际上，被教养得很好的心理健康的年轻人，由于无私给他们父母造成的麻烦和由于自私所造成的麻烦一样多。例如，这些孩子会把自己很昂贵的玩具送人，也会从同伴那里抢夺玩具。

由于儿童的利他行为很难测量，因此并没有得到实证研究的检验，但这一障碍并不能使我们否认儿童所具有的无私行为。很明显，大量的证据已经表明，人类具有很强的与生俱来的无私性。

20 世纪 60 年代中期，欧洲的存在主义对人本主义心理学的影响给马斯洛留下了非常好的印象。他与美国国内的罗洛·梅、卡尔·罗杰斯一起开始重视存在主义，将其看作推动心理学理论和心理治疗发展的哲学运动。在这篇写作日期为 1966 年 2 月 8 日未发表的短文中，马斯洛对此提出了自己的看法。

FUTURE VISIONS

19
科学、心理学与存在主义

我们正处在一个过渡时代，对人类形象的看法正在转变，人生哲学也在转变。原先对人性和社会科学的看法是机械主义的，现在则是人本主义哲学的。有人称其为新人本主义，还有人称其为新－新人本主义，甚至还有人称其为新－新－新人本主义。真是没完没了。这就像是用我们现在仅有的词汇谈论一种未来的知觉和尝试如此做的方式，而这个词现在正在被取代。因此究竟该如何描述它成了一个难题。

一般而言，关于生命，特别是人性的人本主义世界观，对所有的行为科学都产生了巨大影响。拥护这一世界观的作者包括刘易斯·芒福德（Lewis Mumford）和《人本主义心理学杂志》（*Journal for Humanistic Psychology*）的投稿者们。阿道司·赫胥黎在去世的时候也曾尝试阐述这一观点。这是对非人的、非个人的、客体化取向方法的摒弃。

最近一本体现这一思想的书是弗洛伊德·马特森（Floyd Matson）的《破碎的形象》（*The Broken Image*）。另一本值得一句一句仔细阅读的书是迈克尔·伯兰尼（Michael Polyani, 1964）的《科学、宗教信仰与社会》（*Science, Faith and Society*），我花了4个月的时间阅读这本书，现在我又在重新阅读。这是一本值得行为科学领域每个人阅读的书籍。

科学领域中这一广为人知的"双轨制"究竟如何？心理学领域究竟发生了什么？科学中的机械主义观点和人性的行为主义，都将个体视为消极被动的事物，就像台球桌上的台球一样。相反，在心理学中，有大量很零散的小派别，比如，追随西奥多·雷克（Theodre Reik）、阿尔弗雷德·阿德勒和其他人，他们最初都是因为批评机械主义的观点联合起来的。最近将这些彼此独立的小派别黏合在一起的主要力量是欧洲的存在主义，而且它也已被我们国家的思想家们所接受并进行了美国化。这种情境也就发生在过去的三四年间。

"新存在主义"将人看作主动者，而不是弗洛伊德的潜意识所主导的被动者。

当前还有很多关于选择、个人经历、决策和责任的讨论，也有很多关于个体如何成为自己的老板，将命运抓在自己手中的著作。在B. F. 斯金纳（B. F. Skinner）（最聪明的行为主义者）的著作中，你绝不会看到这些字眼,他只谈强化。

在斯金纳的小说《瓦尔登湖第二》(*Walden Two*)中,所有人都被条件化和塑造。本质上来说,这是一个由慈善的先知领导的完全被动的社会。但斯金纳从来没有告诉我们谁塑造了先知。斯金纳也没有解释如果先知不是好心肠的,而是心肠恶毒的,将会发生什么。相反,存在主义强调每个人具有选择和抗拒他人提议的能力。这幅图画意义深远,引导着社会科学研究的新方向。

当前,也有大量关于自我和个人认同的讨论。这一讨论给我们的暗示就是我们所称的"人性"。但机械主义思想家对于人性并没有什么概念。对存在主义者而言,总有将要被发现的东西。存在主义者是主动者、自我行动者和决定者。

心理学也有关于健康与疾病的哲学。我的意思是什么?从字面意思来看,疾病是因为人类潜能被否定。健康的生活是鼓励追寻这种潜能并以此引导个体的生活。这种方式关注的是人类发展最高的可能性,这也是我们与黑猩猩或其他类人猿的不同之处。存在主义者认为,疾病来源于不能以这种高层次的方式生活,来自人的衰退,而不是细菌的侵入或外部因素对个体各种器官的毁坏。

这种态度也产生了一种社会哲学:好的社会就是能够满足人类最高层次的成长,发展人类最高潜能的社会。每一个社会机构都应如此。

科学是科学家自己本性的产物,那种非个人的模式来源于物理学家。这种非个人的模式是有局限的、不充分的,有时甚至是破坏性的。但这种局限性并不是不可以突破的。一般来说,科学可以成为人本主义。这一非个人的模式不能与价值观、个性、伦理和道德相关。但从原则上来说，科学可以有价值负载倾向。

人性所能达到的高层次无法通过机械主义心理学进行解释。当我们试图研究生活在更高层次的人时，这些经典的模式就失效了。不管我什么时候与我的科学家朋友们谈论这一问题，他们都会问："为什么你想破坏科学？为什么你憎恨科学？"但人本主义者并不憎恨科学。我只是把我的努力看作扩大科学并给予其更大管辖权的一种手段。某些数据并不能完全通过经典的科学进行处理，长期以来只能通过小说家、诗人和宗教人士来理解。他们都对科学有一种恐惧感，这种恐惧感现在的许多年轻人都具有。实际上，许多人相信，如果所有的核科学家都马上死掉，这将是一件好事。这些人认为，科学是对生活中美的和令人敬畏的事物的威胁。

这种看似非理性的观点具有其某些方面无法否认的合理性。科学有一种去神圣化的需要。被用来作为一种否定神圣性与情绪性的工具，我认为这是有意为之的。我的心理学研究提供了很多这方面的例子，但我想介绍自己的经历：我在威斯康星大学医学院第一次手术的经历。

我认为教授故意隐瞒我们，并没有让我们知道手术是正在帮一个人。患者只是被看作一个东西、一件物品。手术是为了切除乳腺癌，手术在非常麻木不仁的情境下完成了。教授使用了消过毒的手术刀去把那块肉烧掉。他切的时候就像在一块布上刺绣一样。闻起来就像是在烤肉。教授完全不在意旁边那些想呕吐甚至晕过去的学生。他把切下来的那位女性的乳房扔到柜子上，30多年以后我还记得当时那"扑通"的一声。

一年之后我退出了医学院。我非常反感这种对生命和死亡的神圣性毫无敬畏感的做法。不幸的是，医学院的学生们努力地想过上学院所推崇的这种情绪"麻木"的生活。没有人告诉我，我解剖的那个人是谁。我不得不自己去查找，发现他曾是一个伐木工人，知道了他是如何死的。他们不是被看作去世的人，而只是尸体。医学生们坐在尸体旁吃三明治并拍照，来试图证明他们对此已经毫无感觉。他们也会很高兴地和外人谈论，特别是对女性交流，然后非常随意地从裤兜里面拿出一只手或者脚。

除了这种去神圣化和技术性的方式，更加僧侣化、人性化的方式会对现代医学有帮助吗？医学努力使我们的高级情绪世俗化，是为了中止我们的敬畏与怀疑。这是一种还原论的态度，"只不过如此而已""人只不过是价值24美元的化学品而已""接吻也只不过是两个消化管道顶端的并置而已"。我积累了大量这一类的例子。不知什么原因，我觉得它们非常可笑。

还有一个例子：我有一个朋友，曾经和死亡擦肩而过。他做了一次很大的手术，差点死掉。他把那次经历告诉了我，非常令人动容，也非常可怕。真的非常神秘。他看到了许多场景，也清楚地看到了他自己的一生，然后他下定决心做出改变。这一切都发生在两年前，从那时起，他的生活完全不同了。在他的手术经历中显然发生了一些意义非常深远的事情。和他聊过之后，我决定去研究这样的体验，例如在手术室里研究。

之后不久，我问一位外科医生，我这位朋友的经历是否是很典型的，他不屑一顾地说："当然，非常普遍，杜冷丁的作用，你知道吧。"这就是他全部的看法。

那么科学的本质就是用这样的方式将世界世俗化吗？我对此表

示怀疑。因为真正伟大的科学家并非如此，他们天性温和、谦逊且充满敬畏感，但大多数这样的科学家羞于表达这些情感。也许只有当科学家知道自己不会被嘲笑的时候，才有可能摆脱对温和天性的畏惧。想要如此，我们需要改变自身的整个观念。

20世纪50年代中期，马斯洛曾特别想与人合著一本包罗所有现代心理学理论的书籍。这本书不是非常粗浅的入门读物，而应该是非常深奥富有价值的专著，传承威廉·詹姆斯（1890，1891）意义深远的《心理学原理》(*The Principles of Psychology*)精神，帮助心理学研究的复兴，从而开创一个更美好的世界。但当他发现心理学自从他在20世纪20年代上大学以来已经取得了长足进步时，写这样一本书已经没有多大意义，所以他最终放弃了这一计划。这篇未标明日期未发表的短文，马斯洛本来打算把它当作那本书的序言。

FUTURE VISIONS

20
心理学能为世界做什么

非常不幸的是，一些科学家就像宗教人士认为只有一条通往天堂的道路一样，认为量化方法才是通往神圣王国的钥匙。他们特别强调非实用性，即任何被认为可能对人类有益的研究都被因为"非科学的"而被抛弃。许多科学家基本上只认可某一种特殊的实验技术，而对其他所有技术都嗤之以鼻。这些人有时候会让我们想起宗教分裂者，他们只关注祷告词的发音是否正确，宗教仪式是否以非常严谨的方式进行，以致忘记了最初做这些事情是为了什么。

对于真正的科学家而不是技师而言，宗教只是发现真理、理解世界，回答人们所提出的紧急而引人注目的问题的一种方式而已。其他人则是科学的法利赛人，他们热衷于做事的方式，而不是所做的事情本身。

现在，可能出现的大灾难正威胁着人类，乌托邦似乎比以往显得更加光明。因此，在再次转折的时刻，我感觉比以前更加有理由以最为强烈的献身精神，严肃认真、毫无玩世不恭、言不由衷和扭扭捏捏地询问：生命的意义究竟是什么？我们如何最好地获得幸福和宁静？如何成为精英，而且真诚、诚实和友好？我们如何实现力所能及的目标？我们能对人性提出怎样合理的要求？什么为它设置了太多的压力？人性对于社会的要求是什么？我们应该如何改变社会，使所有这些事情成为可能？

如果今天的心理学对这些问题无法给出比50年前人才辈出的时代更好的答案，那无疑是失败的。但我认为心理学可以给出比以前更好的答案。不仅如此，我相信，世界的希望在于对社会本质的理解，即通过所有的社会科学，特别是通过心理学来理解社会的本质。

我一直试图保持自己最初对所有事物的新鲜感与单纯，青少年时期的敬畏感、求知欲和好奇心，也一直关注生命、爱与幸福等基本问题，这些问题从我还是个男孩、研究生涯刚开始的时候就一直伴随着我。因为我由衷地相信，现存的心理学文献中有很多材料为人性的普遍性与永恒性提供了答案。我已经将自己的注意力精确地锁定在了这些材料上。

这样做的时候，我立刻放弃了社会科学中的许多问题、实验和技术，这些很像希腊字母社团或社交"小屋"的秘密附属物。其目的似乎更多的是支持其成员的自尊，将他们与普通人分割开来，而不是作为公仆的指导原则，他们谦逊地与伟大的思想家和所有时代的解答者站在一起，这些伟大的思想家和解答者包括：亚里士多德、苏格拉底、笛卡尔、斯宾诺莎和现代的心理学思想家威廉·詹姆斯、西格蒙德·弗洛伊德、马克斯·韦特海默。这也是我职业生涯奋斗的目标。

20世纪60年代中期，马斯洛对于美国主流知识分子忽视人本主义心理学及其对于心理咨询、心理治疗、教育、管理和组织发展日益增长的影响越来越焦虑不安。实际上，他那些极具影响力的著作几乎完全被媒体精英们故意忽视了。在这篇写于1969年2月未发表的文章中，马斯洛对此表达了自己强烈的意见。

FUTURE VISIONS

21

被忽略的心理学革命

我记下的这些笔记是为了撰写一篇能发表在大众杂志上的文章。几年来我一直想做这件事，但我对于写大众类文章一直没有多少兴趣，所以一直回避这项任务。但现在我必须做这件事，因为没有人会做这件事。

促使我今天早上开始做这件事的原因是看完了历史学家弗兰克·曼纽尔（Frank Manuel）的新书《艾萨克·牛顿传》（*Aportrait of Isaac Newton*）（1968）。曼纽尔在这本书中完全不承认人本主义的存在。我决定做一次演讲或者在我计划好要出版的关于人本主义心理学的书中专门用一章来阐述我的想法。[一]这就是我想的和要做的事情。下一学期开始我还要做一次演讲，专门讲当代心理学和科学领域中的人本主义革命。

我一直在反复考虑这些不堪入目的杂志，我将不再订阅这些杂志：包括《大西洋月刊》(The Atlantic Monthly)、《哈泼斯杂志》(Harper's)、《星期六评论》(The Saturday Review，这是里面最好的，但也很糟糕)，以及《纽约书评》(New York Review of Books，这肯定是最糟糕的)。所有这些大众杂志都体现出整个主流知识界对于新出现的知识体系的疏离与无知。今天早上我就在想：当今人本主义者中的那些伟大的名字都去哪儿了？这些杂志根本就没有提过他们。卡尔·罗杰斯、高尔顿·奥尔波特、亨利·默里（Henry Murray）和加德纳·墨菲（Gardner Murphy）都去哪里了？更不用说像迈克尔·墨菲（Michael Murphy，伊萨兰学院的创建者和领导者）这样的年轻人。

为什么弗兰克·曼纽尔（1968）根本不讨论像迈克尔·伯兰尼（Michael Polyanyi）和我这样的当代哲学家所强调的后牛顿时代科学的发展呢？为什么人本主义心理学家的著作根本没有被提及？更不用说相对较少的人本主义经济学家、政治哲学家和社会学家的作品。他们的著作根本没有人注意。像《纽约时报》(New York Times)这样的畅销报纸就从来没有提及过我的任何著作。

这种状况最让人感到悲哀的是，激进青年的叛乱和黑人的骚乱被看作对这种人本主义个人道德与哲学的追求。他们在为此而奋斗，似乎这个体系还不存在，但实际上它已经存在。政治反叛者只是不

[一] 马斯洛从来没有写过这本书，也没有这本书的手稿。——编者注

知道而已。在某种意义上，我们可以把人本主义看作对他们的祈祷和诉求的一种回应。从原则上来讲，这些应该会让反叛者们满意，因为这种价值体系是对科学的重建，将科学作为发现和揭示价值观的手段（而不是让其脱离价值判断）。

人本主义心理学之所以意义重大，不仅因为上述原因，还因为它包含了实现这些有价值的目标的战略和一整套战术，即提供了一套教育理论，包括教育手段和目标的哲学体系。对政治学和经济学同样如此。也就是说，我们可以谈论道德、人本主义或"优心态"政治学和经济学，将这一讨论划分为两个部分，一方面是终极目标与价值观，另一方面是具体的战略、战术和手段。

如果我有想法也有时间，就可以建构一个存在性艺术体系，将艺术作为一种展示超越存在性，并积极促使高峰体验和高原体验的体系。换句话说，我可以建立一种艺术体系来改善人类的生活，或者至少可以向人们展示高级价值观，这是完全可能实现的。对音乐也可以做同样的事情，参见我已发表的关于音乐教育的文章（Maslow，1968a）。

除了一些零零碎碎的思想之外，在这一领域中我真的没有引用到一个有完整思想体系的哲学家。但我正在建构的整个体系包含了整个生命哲学，包罗一切哲学，因此就可以创造出存在性艺术的心理和哲学体系，包括诗歌、小说、戏剧和各种语言艺术。对人类而言，所有这一切都拥有同样的目标、战略与战术，拥有同样的内在价值观和同样的超个人价值。也就是说，艺术总体上可以被看作促进成长的领域，提供了迈向自我实现和人性完满的路径。

当然，在这里我必须提出一些统计问题，即当前有多少人真正被这一新的人本主义体系所触动？再考虑下面的问题：如果能在大众杂志和报纸、电台和电视上进行充分的宣传，还会有多少人被触动？说到统计和数字的问题，历史的答案是非常清楚的：我们预期，如果能在这一代人中增加1%，那么下一代人也会相应增加1%。我们还可以预期，对这一运动也会有大量的误解、曲解和歧义。

但这种困惑是无法避免的。成长者总是只有很小一部分人，但仍然可以继续前进。事实上，这正是整个人本主义思想体系目前在发生的事情：真正开创性的工作是由少数人完成的，而当前所产生的其他支持人本主义主张的材料大多数是常规性的、普通的甚至完全是废物。这都是题中应有之义，只要人还是人，这种情况就无法避免。

很重要的一点是，无论这些统计数据究竟会产生什么样的影响，人本主义思想会获得多少支持和认可，人本主义思想体系的确是存在的，因为它是医治当前社会知识分子阶层普遍存在的无望感和悲观主义的良药。特别是那些只会批评和抗议，看不到任何积极的重构与超越目前现状的人们，包括年轻人和成年人。

在某种程度上，我这里所说的也是下一代中的那些成长者们。对于下一代中的非心理学群体，如果不能让他们相信，也有必要使他们至少具有一种对可能性的愿景，飞越未来是可能的，相信人本主义是一种可行的社会改良和社会变革的理论，总之，迈向一个美好的社会是完全可能的。

无政府主义者叫嚣人类社会无一例外都是很糟糕的，这一观点是不正确的，同样，许多神学家和左翼/右翼政治激进分子都宣称：人的本性本恶，不可能变好。这也不是不可以避免的。人本主义心理学与超个人主义心理学给这些思想当头一棒，强力地抵制了这些思想。

我认为，在当前活着的和即将出生的下一代人当中，那些更加热情、欢乐、生活态度积极、充满希望和乐观的人们将会抓住这一新的心理学革命，尽管它的一些原则还没有得到充分证明，这些人也会按照它的原则行事，以此生活和工作。当然，他们也是这场革命所需要的：各种领域的建设者，包括科研型和应用型。为了让人们为更加美好的事物去奋斗，在个体的内心、私密的主观思想中也需要有这样的能量来给予他们勇气和希望。

可以通过一个比喻来说明，整个人本主义体系就像自助餐：摆满了各种各样的食物，人们可以按照自己的兴趣、感觉和口味来选择吸引自己、能让自己产生共鸣的特殊路径，因此达到自我实现路径的艺术并不适合所有人，对那些具有审美敏感性和审美倾向的人而言，它肯定是有效的，但对其他人而言可能就没有什么用了。对于音乐或以身体运动来审美的舞蹈来说都是如此。毕竟，存在性价值是很多的，任何人都可以通过任何一个或多个存在性价值进入存在性领域，不管是美、真、善还是其他什么。

FUTURE VISIONS
The Unpublished Papers of
Abraham Maslow

III
第三部分

管理、组织和社会变迁

20世纪60年代末期，许多人都将他们自己的观点与人本主义心理学松散地联系起来，对于他们不断表现出的自我放纵和享乐主义，马斯洛越来越感到不安。虽然各种"成长中心"在美国各地蓬勃发展，但对于他们将自我表达作为健康人格的关键，马斯洛深感忧虑。这些成长中心当中最著名的就是位于加利福尼亚州风景优美的大瑟尔的伊萨兰学院。几年来，马斯洛曾定期在那里举办研讨会。但是在写于1970年3月20日的这篇未发表的文章中，他对伊萨兰学院成立十年以来所拥护的思想提出了尖锐的批评。

FUTURE
VISIONS

22

超越自发性
对伊萨兰学院的批评

人本主义心理学将来该如何发展？在超越感官意识、自发性、身体放松和个人表达之外，还有什么？当然，所有这些日常生活的特征都不会为我们带来最后的天堂。

有必要对把冲动性误认为自发性的观点提出批评了。我们必须根据伊萨兰学院产品，即他们所培养的人才，对其进行评估。同时也必须以和任何其他教育协会或精神治疗协会相同的方式对其进行评估。

我们必须警惕像伊萨兰学院这样的成长中心里的那些反智慧、反科学和反研究的人。我们必须将经验主义仅仅看作推动结果的一个手段，尽管它本身也是一种终极体验。当然，经验主义本身是好的，但还不够。我们必须继续超越经验主义去寻求知识、价值和智慧。为什么伊萨兰学院没有图书馆？

我们必须将健康心理学与疾病心理学结合起来。伊萨兰学院不应该排除西格蒙德·弗洛伊德的思想和精神分析法。

伊萨兰学院需要更好地平衡酒神和太阳神精神。需要有更多的尊严、文明、礼貌、严谨、隐私、责任和忠诚。应该更少讨论"即时亲密"和"即时爱情"，更多讨论太阳神型控制的必要性，如对步调和风格的控制。

在像伊萨兰学院这样的地方，必须更加重视工作、纪律和终身的努力，意识的阶梯必须要一步步攀登。

了解高峰体验和高原体验、洞察力的闪现与对自我知识的不懈追求和幻觉与心理疗法之间的区别是非常重要的。伊萨兰学院的成员倾向于以巨大的内在突破的"大爆炸"来看待人格发展，但真正的人格发展是一个毕生的任务。

伊萨兰学院中许多人所倡导的"为意识而意识"这一观念必须受到批评和拒绝。这一概念具有"为艺术而艺术""为科学而科学"或"为智慧而智慧"这些观点所固有的一切邪恶。关键是所有这些哲学观点都不属于道德范畴。

各种"存在性价值"必须是彼此决定的，否则它们可能会导致今天在嬉皮运动中产生的恶果。人们往往会在这种运动中寻求和重视任何会产生另一种激烈体验或改变普通意识的东西。从历史上看，这种意识形态总是把神秘运动带入一种自私——仅仅是将其他人当作改变自我意识的一种手段，而不是进入马丁·布伯（Martin Buber）所说的"我与你的关系"。这样的观点通常会导致对巫术和神秘的占星术、读牌术和命理学等的迷恋。

这些活动在历史上又导致了反理性主义、反智主义、反科学，并最终导致反事实，而且这些观点最终导致了虐待主义，因为虐待主义可能会带来"新的体验"，并且可能会"使一些人兴奋"。无论如何，伴随着"为意识而意识"的神秘性，已经没有任何可以用来批评意识改变的准则了，也就是说，已经没有能够区分它是好还是坏或者区分它会带来好处或坏处的准则了。

这种意识形态发展的最终产物可能是一种死亡意愿，因为濒死、自杀和杀戮本身可以产生"新的体验"。在"施虐－受虐"的文学作品中充满了这种态度后果的例子。英国作家柯林·威尔逊（1959）就曾描写过这样的例子。例如，被绞刑处死的男人有时会不经意地勃起，然后在死前的最后一瞬间射精。因此，一些受虐狂试图以几乎将自己绞死的方式来达到同样的激情体验。这个例子生动地显示了所有这些在邪恶和死亡纠葛中的最终结局。

无论如何，像伊萨兰学院这样的成长中心必须始终由其实际产品来判断，而不是简单地以看似美好的意图来判断。用最简洁地话说，像伊萨兰学院这样的地方造就了好人还是坏人？它们使我们的社会越来越好还是越来越糟糕呢？

在马斯洛人生的最后几年，他对使用应用技术增强我们的移情和社交技能越来越感兴趣。他发现 T 小组（即最初由像卡尔·罗杰斯这样的心理咨询领导者开发的"敏感训练"小组）非常有效。在这篇大约写于 1970 年的未发表的文章中，马斯洛提出了他对 T 小组在创造更广泛的全球和谐中的重要地位的想法。

FUTURE VISIONS

23

通过 T 小组建立共同体

为了阐述当今世界促进人本主义政治和社会变迁的整个议题，我要先阐述以下原则：

1. 人类是一个单一的物种。
2. 在人类物种中所发现的个体差异都不及他们之间的相似之处那么基本和重要。这一主张同样适用于那些看起来有显著差异的类别，比如男 – 女、老 – 幼、聪明 – 愚钝和不同种族。
3. 人类整个物种不仅在生物学和心理上可能被组织成一个普遍的兄弟 / 姐妹关系，而且可能被组织成一个泛人类的政治单位。

4. 当前的实际情况——存在大量足以灭绝我们整个物种或使我们整个物种严重倒退的毁灭性武器，使得泛人类的政治学成为一种紧迫而不可避免的局面。实际上，我们都生活在一个需要应急方案的紧急状态。
5. 第三层次的政治学在维护良好的秩序和稳定，并延续各种服务的同时，为有目的且有效地向泛人类的政治靠近提供了框架，从而可以避免第三次世界大战（我称之为"体内平衡政治"）。
6. 现在的政治在每一个层面上，都是原子主义的而不是整体性的，但整体性正是政治发展的最终方向。原子主义最重要的例子就是国家主权，人本主义政治的主要任务是超越而不是废除国家主权以支持更具包容性的泛人类政治。
7. 必须将国家主权所具有的原子主义、分离主义和相互排斥视为我们文明的系统化制度，而不是一些表面症状。也就是说，在今天认识、评价、行动的原子主义和分离主义方式已经深深嵌入了全世界大多数人的血液和骨子中。这种物化遍及生活的各个方面、所有人际关系、精神关系，以及我们与自然和物质世界关系的各个方面，甚至遍及我们（亚里士多德式）的逻辑和（分析导向的）科学，以及我们最基本的爱情、婚姻、友谊和家庭。我们经常无意识地将这些关系视为对抗的、零和的或非协同的；也就是说，一个人必须是主宰者或者是被主宰者，或者说"我的优势必将是你的劣势"。

若想超越两个个体之间或家庭成员之间的相互排斥，或者使得所有人成为一个整体，最常见的做法就是将不同家庭、俱乐部、家族、部落、社会经济阶层、国籍、宗教或种群融合成为一个有内部凝聚力、友好、忠诚、合作的整体，也不得不付出使其与世界上其他部分相互排斥的代价。社会生物学家罗伯特·阿德雷（Robert Ardrey，1966）曾将这种现象恰如其分地称为"友善-敌意情结"。

也就是说，人类迄今为止在一个群体中实现和睦的主要技术是将所有非团体成员，即所谓的"他们"或多或少地看成敌人。群体内的成员成为盟友是因为他们有一个共同的敌人——如果不是一个危及生命或给个体带来危险的敌人，那么就是一个让人感到优越、蔑视、屈服或侮辱的敌人。对我来说，最终的荒谬似乎是，这种现象似乎对大多数和平/反战组织都是如此（尽管也有一些例外）。

所有产生极化、分裂、排斥、支配、伤害、憎恨、侮辱、愤怒、复仇和压制的技术都是原子主义的而不是整体性的。这些技术将人类分解为相互敌对的群体。因此这些方法是阻碍发展的，可以说，这些技术助长了战争，推迟了和平。

8. 走向全人类和泛人类政治必然意味着一种意义深远的整体主义化，这种整体主义化涉及我们自身（我们每个人）、我们的人际关系、国家和社会的亚文化、我们与我们人类自身的关系，以及我们与其他物种、与自然和整个宇宙的关系。这个过程还意味着要走向所有专业领域的整体化，例如远离具有敌意的法律、政治和经济。这也意味着放弃那些试图将知识分裂为相互排斥的司法管辖区、部门、领地或"山头"的原子主义方式，就像许多少年团伙所做的一样。我们社会中的每一个教育机构、职业、管理和司法行政部门也必须放弃这种"山头"意识。

与上述过度凝聚的背景相反,下面的每一句话都需要扩大和实施,我想提出一个具体的建议,即T小组(交朋友小组、敏感性训练等)和人类成长中心和所谓的伊萨兰型教育所使用的各种技术,都应该被用来整合美国社会。当然,这个过程已经由美国国家培训实验室在其最大的混合小组(即由尽可能多样化的人来形成T组)中发起。但我认为在这方面还可以更加完善。黑白(种族)交流团体很好地阐释了我的理念。

最重要的是,我建议彻底重新审视被广泛接受的同族通婚制。例如,现在的大量数据表明,人们的背景、社会经济阶层、等级、宗教信仰、民族和受教育程度越相似,他们的婚姻就越有可能幸福和长久。因此,这一原则被进一步假定适用于所有的人际关系,如友谊、商业伙伴关系和邻里关系。

显而易见的是,当我们与那些和我们有共同的品位、社会习俗和偏见的人相处时,我们会感到更加舒适和放松,更少感到紧张、不安、不确定、疑虑、偏执、疏远或警惕。很明显,当我们最大程度地与那些和我们类似的人接触,并尽量减少与不相似的人接触时,我们的生活会更容易。但是,如果我们认为人类整体化是必要的,那么这种使我们的生活更轻松、更舒适的方式就是一个站不住脚的借口,一种旨在逃避令人不舒服却又必须做决定的懦弱尝试。最大的问题是,如果我们要走向泛人类和大同时代,应该如何克服分裂和封闭的社会行为?

我们如何才能超越现在将人类划分成相互排斥、孤立而又彼此不相关联的群体的差异?我们怎样才能越过将我们划分为不同社会经济阶层、宗教、种族、民族、部落、职业群体和智商群体的高墙而彼此联系？

显然，如果大家都同意结束种族仇恨是一项重大而紧迫的任务，需要应急方案的话，那么我们至少在原则上可以很容易地解决这个问题：即通过合法化或资助不同种族间的通婚。同样，通过不同宗教、不同部落和不同国家间的通婚也能使人口同质化。也许会有一天，宗派主义所引起的紧急情况可能会变得非常大，以至于不得不尝试这些措施。然而，超越同族通婚的一般目的更为实际，其方法将是广泛使用T小组作为整体性政治工具。目前积累的黑白（种族）T小组的临床经验，足以使我们将这一原则应用在其他相互隔离的群体身上。

我并没有暗示T小组技术是一种手边恰巧可用的灵丹妙药，也就是T小组技术已经被广泛使用和接受了，而且已经有了运作良好的教学机构、受过训练的从业人员和国际交流。

原则上讲，最明智的做法是牢记最终目标（全人类的兄弟姐妹情谊）而不是任何具体的方法。从这个角度来看，任何能够促进更好地沟通、理解、包容、亲密、信任、开放、诚实、自我暴露、反馈、认同、亲近、同情、宽容、接受、友善和爱的技术都是好的。同理，任何能够减少怀疑、偏执期望、恐惧、敌意、防御、蔑视、屈尊感、两极分化、分裂、疏远、异质感、分离、排斥和仇恨的技术也都是好的。

> 虽然亚伯拉罕·马斯洛可能因他关于个体动机和人格发展理论而闻名，但他对社会问题也并非漠不关心。20世纪60年代，马斯洛对当时西方社会中友谊和亲密关系的不断削弱感到惊慌。在这篇1968年4月撰写的未发表的文章中，马斯洛提出了一系列重要问题来指导我们关于创建良好社会的思考。

FUTURE VISIONS

24
促进友谊、亲密感和共同体

今天我们面临的主要问题是如何学会与人亲近，并克服人与人之间的隔阂和疏离感。我同意杰里·索尔（Jerry Sohl）在他的《柠檬食者》(*The Lemon Eaters*, 1967)一书中所说的，造成这种情况的主要原因之一是，过去那种至少在农村地区、村庄、大家庭和部落和真正的邻里关系中很常见的永恒而持久的面对面的关系已经没有了。在我的《优心态管理》(Maslow, 1965)一书中，我发现T小组基本上是亲密的群体。它们教导或试图教导人们恢复先人与亲戚、邻居和附近农场或村庄的人们那种持久、稳定、长期和不可变的关系。如今，我们几乎完全是由两代人组成的隔离的核心家庭。

当前这个社会－情感问题是任何乌托邦或者优心态式的思想家都必须着力解决的问题。人们感到对共处、亲密感或根深蒂固的关系的基本需要没有得到满足。其中这种根深蒂固的关系是不能分离并且能够持续一生的，既有各种义务与责任，同样也有许多欢乐和愉悦。

当然，也已有一些令人鼓舞的例子。加利福尼亚的实业家安德鲁·凯（Andrew Kay）和他的一神论伙伴间的关系在本质上就是永恒而持久的。另外，我也很欣赏洛杉矶十几位人本主义心理治疗师每周的午餐会，通过这种方式，他们就越来越亲近了。

我们怎样才能重建古希腊兄弟会、姐妹会和当地教堂集会时的积极方面？我们能不能按照扩大的这种团体的方式来组织我们的社会？有没有可能建立一些有20~40人的团体，彼此保持联系、就像过去亲密的亲戚一样？在我们这个高度流动的社会，如何才能实现这种情况？如何才能将这一目标与使人们在不同地域间不断迁移的工业文明的需求相适应？

我们也必须解决今天上班族中常见的家庭和工作场所之间分离的问题。当前，孩子和配偶与人们的日常工作场所一般都离得很远。这实际上剥夺了人们作为家庭成员这一日常生活的重要组成部分。

我们可以将大学组织培养成更大意义上的共同体吗？可以建立一些住房、兄弟会或类似的地方，20~40人可以在这里共享图书馆或聚会场所吗？是否可以让这些团体免于解散？也许可以对本宁顿学院的安排做一些修改，本宁顿学院将学生宿舍分成小到足以让所有学生建立亲密感和相互了解的空间，而且在这里他们可以自我管理。

我们该如何培育规模更大的家庭？显然，第一项任务是增加祖父母与青少年的接触。毫无疑问，当代年轻人（30岁甚至40岁以下）都没有受到爷爷奶奶的照顾（现在的年轻人也被剥夺了与父母的亲密关系）。

此时我回想起了我在大萧条期间的经历：当时我与妻子、两个女儿和许多亲戚一起住在布鲁克林的一个公寓楼里。当时我觉得这是一个非常令人满意的安排。然而，只有当所有人行为都比较得体，而且有一个人不怕麻烦、愿意成为"部族"的母亲或父亲，并将整个团体黏合在一起的时候，这种亲密的团体才有可能出现。一旦出现精神状态不稳定的人（如偏执狂、精神病患者或专制人物），这种集体生活往往会失败。

在最近出版的《遭遇》（*Encounter*，1968）一书中，莱斯利·费德勒（Leslie Fiedler）在讨论希腊旅游业急剧扩张时对亲密感这一主题发表了相关的意见。他说"旅游"造成了游客、被参观者和被盯着看的人之间的疏离感，即观众与表演者之间的疏离感。费德勒写道：

> 他们相当乐意相信，愉悦总是在别的什么地方而不是家里，正如他们的祖父母相信文化的发展总是在其他地方一样。希腊人很快就明白了，如果他们不这样就会消失。只要他们以游客感到离奇有趣的方式（即那些与他们和游客实际居住的世界相关性越来越低的方式）继续唱歌跳舞喝酒，他们就可以出售他们的风景和阳光、祖国和自己。

（P.46）

现代旅游业提供了人与人之间是怎样彼此疏远的另一个例子，真正的疏远不是表面意义上的疏远，而是彼此亲密感的疏远。对于今天的大多数人来说，旅行仅仅只是去当观众或者行色匆匆的过客。他们仅仅只是去看，而不是"生活"在某个地方，也就是说，他们只是去看新文化，而不是体验它。我想起了1938年夏季我在加拿大黑脚部落度过的田野时光。它可能是比30多年来大多数游客在旅途中体验到的更多的真正意义上的旅行，那些游客只是盯着陌生的景点，与依靠游客而茁壮成长的"水蛭"生活在一起，而使得他们远离了真正的文化。

20世纪50年代末我在访问墨西哥时发现，墨西哥非常明显地存在两种文化和两种城市，它们之间没有任何关系。一种是普通墨西哥人生活、吃饭、工作和归属的城市。另一种则是外来入侵者的城市，这些人实际上是偷窥狂、观众和窥淫癖。他们是最差的游客，而且"游客"这个词现在已经被玷污了。

问题并不在于游客没有看到真正有意义的东西，而是说这根本不是真的旅游。他们使得他们来参观的文化中容易腐朽的一面加速腐朽。他们实际上对他们参观的地方造成了伤害。讽刺的是，游客自己总是在谈论要去哪里寻找仍然未被破坏的地方，即那些还没有受到观光者、过路者和陌生的目击者伤害的地方。

管理理论家沃伦·本尼斯（Warren Bennis）认为，在我们这样快节奏的社会中，有可能存在一种快速、转瞬即逝而又真实可靠的亲密关系。当然，这个观点具有合理性。例如，我认识成百上千的人，而且可以发自内心地说，我对他们所有人都有感情，我可以跨越整个美国与我所列出的数百人愉快地度过几个小时，但我可能会在三四年中都不会再见到他们，又或者永远都也不会再见到了，而只是偶尔的信件沟通。

这种情况也产生了心理上的代价。因此，在某种意义上，我的友谊除了在我脑海中的存在之外，在别人的心中并没有根深蒂固。我愿意与这些成百上千的"朋友"中的相当一部分人做邻居或者居住在同一个村庄，或步行就能很快见到。那么我想，我们可以发展出丰富的共同历史、知识和经验，这将形成一种存在于我们之间的更加充满活力的亲密关系。

很重要的一点是，不要以非黑即白的方式来对待这个问题。事实上，我已经与这个世界上每一个可以称为我同事的人，即心理学领域的所有领导人和主要贡献者都有过私下接触了，至少偶尔会或多或少地接触，在这方面我确实有一些优势。

如果地理位置更近，这些互动才会真正令人满意。实际上，我与这些朋友大多数并不是住在隔壁，或者是"经常看到彼此"的。因为我和兰德斯（Rands）是邻居，因此我们的关系就完全不同于我与亨利·默里、沃伦·本尼斯甚至是亨利·盖格（Henry Geiger）的关系，后面说的这些人，无论他们对我的感觉有多好或者我对他们的感觉有多好，我都很少看到他们。

我认为现在有必要把古老的家庭组织作为一个中心，"以扇形的方式展开"各种各样的其他的关系，如工作关系、熟人关系、同事关系、朋友关系等。

不管怎样，我认为我们正在逐步形成这样的观点：我们的社会或任何工业社会都具有破坏亲密关系的特性，而人们对于亲密关系的渴望是永恒的，因此，由这种亲密关系的剥夺引起的各种各样的精神疾患就会出现。我愿意使用杰里·索尔的《柠檬食者》（1967）所描述的或任何其他有效的疗法或 T 小组的描述来作为生动的案例记录。这样，我可以更好地讨论今天普遍缺乏的社会亲密关系，以及可以恢复某种意义上的亲密感、坦率、诚实、自我表露和反馈的方法，还有这些方法带来的积极结果。

在20世纪60年代末,马斯洛对美国反传统文化的态度颇为矛盾。尽管他认为反传统文化有助于形成一个更利他、更道德和更公正的社会,但他把反传统文化的大部分信徒,特别是"嬉皮士"视为一类智力懒汉,认为他们经常以一种破坏性的方式自我沉溺。这篇写于1969年9月未发表的文章提供了马斯洛对于美国可能具有的更高层次价值观的想法。

FUTURE VISIONS

25

定义美国梦

在心理学家刘易斯·亚布隆斯基(Lewis Yablonsky)的《嬉皮之旅》(*Hippie Trip*, 1968)一书的最后一章中,他对折磨许多嬉皮士和其他年轻美国人的社会反常状态感悟很深。对于今天的许多青年人(当然也有更年老的人)来说,美国的主流价值体系已经不再那么具有吸引力了。他们已经不再毫不犹豫地忠诚于这个主流价值体系了。因此,社会规范不再能控制他们的行为,而是出现了一种社会反常状态和无规范性,这也就是我所说的"超越性病态"。

然而,这种令人不安的情况在某种程度上是不可否认的。事实上，美国梦经常被以一种非常低级或物质主义的方式来表达。现在甚至没有人愿意去太多地谈论美国梦了。也许最后一位阐述美国梦的重要人物已是生活在140多年前的托马斯·杰斐逊。

我对美国价值体系（美国梦）的分析表明，目前普遍存在的情况是以较低层次的需求（例如收入）来表达美国梦，并且几乎完全是物质方面的。也就是说，个人的成功一般是以收入的多少，以及与之相关的在其生活中已经具有象征地位的东西来定义，比如豪华汽车、游艇、高档社区的豪宅、充足的假期和漂亮的华服。

为了享受美好的生活，所有这些象征地位的东西都是可以放弃的。实际上，这些东西中没有一样对于真正的成功是必不可少的。心理学家知道，人性所必需的是随着我们物质需要的满足，我们的需要便上升到了归属感的需要（群体、兄弟姐妹情谊、友善）、爱和情感的需要、与成就和能力伴随而来的持久的尊严与自尊的需要，然后上升到自由地自我实现，以及表达我们独特个性的需要，之后会上升到更高层次的"超越性需要"（存在性价值）。

这个概念在哪里进行过有意义的阐述呢？哪个美国总统或参议员曾经试图谈论这一概念？当代的哪个教授或哲学家曾试图说出这个概念？因此，今天那么多年轻人认为，美国的整个社会制度都是为了让他们接受完全物质化的成功的定义就毫不奇怪了。

由于他们的低层次需要普遍得到了满足，再加上他们由善良、有爱心和值得尊重的父母抚养长大，所以这些年轻人为存在性价值、自我实现，以及对爱、情感、尊严、尊重和合作的讨论做好了准备，然而当他们放眼社会却听不到任何这样的言论。没有任何政府官员的发言以这些概念作为关键词，也没有任何实现这些目标的官方轨道。事实上，即使是制定国家目标的总统委员会，也不会谈论这些目标，而是更多地谈论物质性事务，如国民生产总值、经济增长或工业生产量。

换句话说，当前年轻人所面对的美国社会并没有给他们提供"超越性价值"作为正式的目标，因此对他们来说，更高的价值观并不是美国正式价值体系的一部分。这些青年认为美国的价值体系是有局限的，包含的只是低层次的动机、低层次的需求、低层次的愿望和低层次的目标，而任何自尊、成熟的人都会鄙视和拒绝这样的体系。无论如何，今天的整个美国梦都是物质性的。

此外，我们的社会并没有明确地上升到存在性价值的轨道。有很多年轻人曾问我："我想过上美好的生活，我该怎么办？我该走哪条路？"我经常不知道该如何回答他们。我想起了我所认识的一些很优秀的年轻人，他们从团队经验或一本鼓舞人心的书中获得了更高层次的生活体验，很自然地希望有更多这样的高级生活体验，并使其个人发展更进一步。但是我能告诉他们什么？我能送他们去哪儿？根本没有明确的道路。当前并没有能取得这种成就的职业阶梯。还没有一个正式的、制定出来的、被社会认可的使人成为一个更高层次的、自我实现的、具有存在性价值的人的体系。

这个问题已经很糟糕了，但更糟糕的是，甚至还没有一种语言能够清晰地对其加以描述。唯一可以用于描述这些雄心壮志（当我们较低层次的需要得到满足时，这种高级需要就会深深地嵌入人性之中）的词语却是一些具有贬义内涵的词语，如"不实际的社会改良家""童子军"和"流血的心"。今天年轻人根本不可能厚着脸皮说："我想尽可能成为一个好人，我要过富有成果、对社会有益、高尚的生活。"除了我所使用的存在性语言之外，没有人会和年轻人这样说话，甚至没有人提供一种处理这种情操的方式。

老实说，我几乎不能把自己作为典型的心理学教授或心理学会会员的例子。当然，我可以建议年轻人做什么和去哪里，但是我正处在美国正常社会的边缘。一个主流的职业指导专家或者高中辅导员会提供类似的建议吗？主流精神分析师或者心理治疗师会告诉他们这种建议吗？

我们必须明确地阐明美国梦。我们可以从嬉皮士和政治激进的追求民主社会的学生（SDS）的反常状态中学到很多。美国梦可以用语言表述，而且也能够得到很好的交流。在美国，当然有可能体验到更高层次的生活。除了无视通往更高层次的路径和这些目标实现的可能性之外，没有什么可以阻挡这种生活的实现。没有必要像嬉皮士那样，建立一种反应形式来对抗他们所谓的"塑料"或物质文化（这就是他们所了解的一切），然后完全拒绝它、抛弃它。愚蠢的是，嬉皮士正在寻求立即实现的所有崇高目标——爱、没有控制、共同体、兄弟姐妹情谊等，似乎只要他们想要这样做，就能不费吹灰之力地实现。

所以，目前存在一种矛盾的情况。嬉皮士的信条确实提供了最高的价值观，但这些年轻人根本不知道如何达到这些目标，所以他们以破坏自己所希望的目标为结局。事实上，他们发现自己正在寻求的东西出现了相反的情况，即他们过着一种虚伪、反向形成、懒散、怠惰、相互利用、利用他人，并且成了普通大众讨厌的人——尽管他们用语言表达的价值观实际上是美好的目标。

对于想要摧毁美国社会以实现这些目标的政治激进的青年而

言，也存在同样的问题。但我认为，这两种人的性格结构存在差异。SDS们更主动、更具侵略性、更暴力，嬉皮士们则更为被动、更善于接受、更沉默。但应该指出的是，他们的最终目标是一致的。

此外，应该指出的是，这些目标与童子军、基瓦尼俱乐部和每一个慈善组织所追求的目标是一样的。所有这些团体都追求爱、和平、繁荣、社会和谐、慈爱和信任等类似的价值观。我可以这么说，美国社会当前的反常状态（尤其是年轻人）意味着人们对主流价值并不忠诚，而是厌恶和恐惧地看待它们。

但接下来我要问的是："美国的价值观到底是什么？"我认为这些价值观并没有得到很好的阐释，因此这些年轻人并不知道它们是什么。它们在历史上只是被用较低层次的和物质主义的术语来表达。换句话说，实际上美国的价值观有一个层次结构，而描述它们的最高层次似乎是我的责任。

在这个表达完成之后，即清楚地描述了杰斐逊的梦想（毕竟这真的有可能在美国实现）之后，那么接下来我就必须指出，我们的社会必须使各种专业的轨道、教育路径和职业阶梯合法化，以支撑最高层次的生活。这一步将需要对整个职业指导和个人教育咨询的概念进行重大革命。

在完整阐述这个概念的同时，还需要对嬉皮士和SDS青年学生与黑人、少数族群和穷人做一个区分，嬉皮士和SDS青年学生比较富足，而且低层次基本需要也得到了满足，因此他们的"抱怨"实际上是"对更高层次需求的抱怨"，黑人、少数群体和穷人则完全是对较低层次需求未得到满足的抱怨。在后一种情况下，我们可以探讨社会不公正，并且感到很容易解决工作歧视或不合标准的住房问题——如果不是在日常的政治实践中，至少在原则上是这样的。但在前一种情况下，这些问题本质上是哲学、心理学、宗教和理论问题，也就是说，这些问题涉及人们在日常生活中寻求的价值观。前一个群体正在寻求最高的人类价值观，因为其较低的需求已经满足了。因此，这两个群体的目标是完全不一样的。

在我的分析过程中，当然必须明确地阐述整个基本需要层次和超越性需要。我必须说，在美国社会，人们有可能过上没有危险、没有焦虑和恐惧的生活，在这样的生活中，他们能够感受到亲密、归属感、兄弟姐妹情谊；如果能找到自己爱的人并进入一段恋爱关系，他们爱的需要也能够得到满足，而且可以寻求到尊严、自豪和自尊。

如果一个社会能够将这些品质作为一种权利赋予每一个人，那么人们就有可能去追求自我实现，追寻个人独特潜能和特质的实现，并最终过上属于自己的美好、卓越、道德、真实和完美的生活。

那么，所有的这些原则都可以做如下阐述：这就是美国梦，或者它至少可以成为美国梦。当然，它应该成为一个现实，而不仅仅是一个梦想。应该让年轻人知道这一梦想是可以实现的，是一件他们可以自主去选择、去追求的事——只要他们足够努力，完全有信心可以实现。嬉皮士们所追求的目标实际上都可以实现，但他们追求目标的方式错了。对于采取暴力的SDS革命者和黑人激进分子来说也是如此，他们的目标也可以实现，但是他们正在以错误的方式去寻求。

因此，区分"以善意的方式"和"以恶意的方式"对抗美国社会的问题非常重要。像SDS、嬉皮士和黑人激进分子等群体，他们在谈话中提到的手段和结果之间存在重大差异，更糟糕的是，还经常试图通过谈论"好的结果"或目标来掩饰那些混乱、具有破坏性和充满暴力的目标。从这个意义上讲，他们很明显采用的是一种"恶意的方式"。

我认为，如果我们说，美国社会追求物质主义和金钱的目标可能是通往更高层次价值观的康庄大道的话，也是有所裨益的。毕竟，好人手中的财富和权力必然意味着好的结果。但情况并非一定如此。如果金钱和权力掌握在软弱、坏的或不成熟的人手中，就可能被用于实现个人或社会的恶意目的。而这种情况导致了当前很多美国青年不管任何时候都去反对权力与金钱的反应形成，而不论它们掌握在谁的手中。

事实上，如果有很多钱，你可以买到实现存在性价值的方式。你可以用钱支持、培养和加强它们。美国社会的确有人一直是这样做的，我称他们为"优势成员/社会精英"。我可以证明这种现象的确是存在的。钱并不一定就是恶的，好的衣服、好的房子、美丽的花园或大型的汽车都不是恶的东西。这些东西在善良的人手中，都是实现愿望的手段，是有用的、好的。

亚布隆斯基（1968）的另一观点也值得引用：

> 因此，美国底层的违法者正不惜一切代价地以追求这些目标来肯定美国社会目标的有效性。传统的罪犯和在这种背景下的少年罪犯都是美国社会的目标和价值观的牺牲品。相比之下，嬉皮士的反应则是对整个美国体系的谴责。大多数参加嬉皮士运动的青少年都有机会，并通常都

可以获得美国社会的所有文化奖项。他们谴责和拒绝一切。拒绝美国家庭、宗教、教育、政府、美国社会的经济和物质主义奖励。不仅如此，他们还拒绝获得这些奖项的"游戏"方式。(P.318)

但是请注意，在整个相关段落中，亚布隆斯基没有对美国价值观可能具有的不同表达方式、文化奖励制度和美国社会的各种目标进行区分。相反，他暗示，对于罪犯和嬉皮士来说，美国社会体系所提供的一切都是物质主义的。这一观点并不正确。我以后还会继续谈论这个问题。

我还想说最后一点。美国文化推销工作非常糟糕。麦迪逊大道上的广告和推销技巧以及文化的其他方面完全可以很容易地运用得比以前更好。在某种程度上，这是对人性特别是美国人性格的做空，这种情况必须改变。

在20世纪60年代后期的社会政治动荡中，马斯洛对与人本主义心理学相关的政治理论与实践越来越感兴趣。他相信，几乎所有的政治家和他们的支持者都立足于人类动机和行为的过时观念，只有扎根于人本主义心理学的全新政治才能创造一个更美好的社会。他称其为"精神性政治"。在写于1969年7月12日的这篇未发表的文章中，马斯洛提出了他对这个非常有趣的话题的一些想法。

FUTURE
VISIONS

26

在人本主义心理学基础上建立新政治

逆反性价值是一个很重要的问题。我们必须讨论许多人对于上位者、富人、掌权者或者长相漂亮的人的妒忌和羡慕。我们完全可以想象，肯定会有一些人对那些幸运儿或上位者存在不满，这几乎是不可避免的。关于这个问题，有关"优势成员/社会精英"的心理学或动物心理学在理论上会有一定的帮助。例如，"优势成员/社会精英"经常会采取各种伪装技术，在不威胁或贬低弱势成员自尊心的情况下获得成功。在这种情境下，很有必要讨论"优势成员/

社会精英"地位高责任重的问题。

建立人本主义精神性政治的一个主要原则就是物种性。人类的相似性远胜于差异性，人本主义心理学的这一公理可以作为价值观、伦理道德和哲学的普遍准则。而这些变量反过来也能够产生一种世界性政治，即完全整合的或具有物种性的政治。事实上，我怀疑在我们有这样一种普遍主义的哲学之前，是否有可能实现普遍的政治或世界性法律。而我认为这种哲学完全可能形成，但它必须在普遍主义心理学的基础上产生，而这种心理学已经初具萌芽。

重要的是我们要明白，对于个人、文化和国家来说，一个人不应该以牺牲自我实现为代价来高估安全、保障和归属感。任何人本主义政治都必须为自我实现留下一条通道。

在这方面，我们可以提供扎莱兹尼克（Zaleznik，1956，1966）在研究现代工会时记录的"冻结"情感增长的例子。为了获得工作保障，工会成员放弃了所有个人发展的可能性。对于那些继承了某种特权和大量财富的人也存在这样的情况。例如，一些一生下来就拥有了信托基金的人将一生致力于保护自己的财富，而不是抓住各种机会去达到自我实现。地中海国家的人们也是这方面很好的例子，追求家庭归属和对部落的忠诚使得他们不可能单独走太远。像意大利和西班牙这样的国家，非常强调对家庭的忠诚和责任，使人们可能没有足够的时间用于自我提升。

在当前这个历史时刻，我们所面临的重大问题是如何在维护社会秩序稳定的同时，仍然保持自我实现的可能性。当然，我们的高层次需要和自我成长的可能性直接建立在安全、稳定、保障的基础上，用当前的说法就是"在法律和秩序的基础上"。没有坚实的法律和秩序基础，就不可能有真正的自我成长。然而一个社会也有可能因为法律和秩序而陷入停滞或冻结，过多强调这一条件也会使个人的成长受到限制。

我们必须明白，那些损害我们安全需要（我们对法律和秩序的需要）的人最终也会损害我们的高层次需要和超越性需要。为什么？因为政治混乱会导致人们在潜在动机方面变得更加退缩。在混乱的社会中，几乎每个人都不得不放弃高层次的动机，转而退缩到追求秩序、稳定与合法等状态。当然，这种危险会进一步发展成权威主义。因此我们经常要在混乱与虚无主义和专制主义之间做出抉择。

但是我认为，这至少有助于善良的人强调安全需求是深深植根于人性，是似本能的，而且我们期望这些低层次的需要比高层次的需要更占优势。因此，善意的人肯定会认识到，那些正在损害安全、保障、法律与秩序的极端分子同时也在损害我们的最高价值观：美丽、卓越、完美和真实。他们为了可能有益的社会或政治变革而宁愿使社会处于混乱、无序和暴动之中。

为此，我们今天必须说这两种极端主张"都没有好结果"。我们必须尽力保护自己免受情绪过度反应的伤害，例如我们对于任一极端主张支持者的愤怒。这个任务就像雷雨中的时钟：只是走自己的路，而不用在意身边任何的鼓噪喧哗。

我认为讨论"恶意"也至关重要。许多政治演说（当然是指革命性的演说）只不过是用一种合理化的幕布掩盖了隐藏在其中的其他更黑暗的动机。因此，在我自己的一生中，有一个基本的原则，就是拒绝与恶棍合作，即使他的出发点很好，但我无法信任他，并且我认为好的出发点只是他的一个借口。也就是说，他是恶意的。

我们也必须讨论一下邪恶的问题。恶劣的社会制度所造成的邪恶与人类心灵中的邪恶不同。善良的人可能会被反对协同的社会秩序（也就是鼓励自私、不鼓励互助的社会秩序）逼着做坏事。相反，在鼓励协同的社会制度下，坏人也可能发现做好事对自己有利而去选择做好事。其实从长远来看，我们应该强调这两个方面同时要进行改善，也就是我们既需要改善经理和管理人员的性格，也需要改善宏观的社会体系。我们必须设计一个更好的社会，奖励人们的善行，并使他们的恶行对自己不利。我们需要好人来建设一个好的社会，也需要一个好的社会来造就好人。这两个任务必须同时完成。

从理论上可以将政治理论划分为三个不同的层级。最低层级就是我所说的"自我平衡政治"。这是没有任何远大目标的政治活动，只是为了保障整个系统能够日复一日地正常运转，是一种仅仅为了保持有轨电车运行和下水道畅通的政治活动，是一种只是寻求避免混乱、麻烦或故障的政治活动。

第二层级是过渡性政治，它在原则上是与自我平衡政治截然不同的，因为它非常明确地在朝着理想目标迈进，这些理想目标就构成了第三层级的政治。也就是说，第三层级的政治是一种理想的、理论上的、哲学层面的乌托邦式的政治，用一种具体的、好的社会目标指引着我们。那么问题就马上就来了，我们如何把一个不那么好的社会改变成乌托邦式的社会？因此，过渡性政治成了证明我们生活在一个具有"半好"准则的社会，并努力使之成为更好社会的有意识的努力。所有这三个层级都可以阐述这些准则。

我们如何从最宽泛的层面定义精神性政治？它是从人本主义心理学和超个人心理学发展出来的一种可行的政治哲学和一套政治程序。其基本含义是，社会是满足人类需求和超越性需求的工具。因此，我们可以讨论好政治与坏政治，或者政治中的善与恶。政治中的善有助于满足人类需求，并促使我们向着自我实现发展。政治中的恶则相反，它或许会阻碍或破坏我们的成长。从理论上阐述这一观点的最好方法就是逐一详细阐述人本主义心理学的原理，然后阐述这些原理对更为宏观的社会和政治问题的意义与启示。

在自我平衡的政治中，包括当前存在的强权国家，权力平衡这一原则是非常重要的，尽管它在理想或乌托邦式的政治中非常具有破坏性。在一个被国家主权所主导且战争不可避免的世界中，权力平衡原则提供了一种尽可能减少战争的方式。换句话说，这个特定原则（以及许多其他原则）也可以在这三种不同的政治层级的论述和分析中得到不同的理解。事实上，在一个层面上被认为是好的，也可能在另一层面上被认为是不好的。

在进行任何旨在改善社会政治的重大社会科学计划时，还需要指出的一点就是，我们必须大力推进对诸如暴力、恶意、虐待狂、残酷或破坏性倾向等内在精神品质的理解。当然，我们对这些特质已经有了许多了解，但相关知识分散在 6~8 个不同的学科之中。这需要一大批学者在所有的图书馆中去搜索，也就是通过已有的社会科学知识去搜索，从而组织整个课题，为有意义的精神性政治中这一关键问题给出答案：人类暴力、恶意和邪恶的本能倾向究竟有多么根深蒂固？

需要强调的另一点是，在任何社会体系中，不管它的法律多好还是多高尚，最终都要依靠好人。今天，世界上最不人道和充满压迫的一些国家，它们写在纸上的宪法和法律与最文明的国家一样美丽。没有任何一个好的社会制度仅仅是靠写在纸上或通过立法而实现的。相反，它依赖于每一个生活在其中的人，依赖于在每个街角和每个日常活动中执行它的人。如果人们相互憎恨，彼此不信任，或者试图相互利用（出于贪婪或恶意），那么根本就没有办法建立有效的法律法规。这就会变成一个不可能的任务，因此首先要提升人的素质。

因此，强调民主社会根植于对别人的一系列情感（如同情和尊重），是至关重要的。当然，这也可以与人类的邪恶能力的现实理解相结合。如果我们不信任、不喜欢、不同情他人，对他们没有兄弟般或姐妹般的感情，那么民主社会当然是谈不上的。显然，人类历史提供了许多例子来证明这一点。

同样，要使民主有效，就必须使个人成为主动的行动者而不是被动的棋子。主动的行动者与被动的棋子在整体上的差异对于形成一个可行的、民主的精神性政治体系是非常基础的。如果大多数人都是所罗门·阿希（Solomon Asch，1965）的实验研究所提出的顺从者或者麦克利兰（McClelland，1953，1961）所研究的成就动机很低的人，那么我们就会面临一个严重的问题：在一个社会中能够容忍有多少这样被动的棋子不受伤害呢？我们必须将这个问题与关于自主或心理健康的人（根据定义，心理健康的人是主动的行动者而不是被动的棋子）的研究结果联系起来。精神分析中关于自我力量的观点也与此相关。

　　本文的结论是：人本主义心理学、人本主义社会学、人本主义政治学和人本主义哲学都涉及善与恶的整合，它们不能被理解为只看到了人性中善的一面。在这方面，我们肯定要发展出一种有关邪恶与不良行为的人本主义理论，以完善与解决和我们更高层次需要有关的人本主义心理学。当我们理解善的时候，也就对邪恶有了完全不同的理解，两者必须从概念上整合起来。当它们以这种方式整合起来时，就与整合发生之前完全不同了。

　　需要强调的是，心理学的第三势力的确指出了人性美好的一面，这对于平衡大多数传统宗教心理学和精神分析中所固有的极端悲观主义是非常必要的。基于这个原因，很多人错误地认为，人本主义心理学是完全乐观的，只讨论人性最好的品质。这种认识当然是无效的。我们之所以强调人性中最美好的一面，只是为了填补空白，纠正存在时间过长、过于强大的极端悲观主义。

　　简而言之，现在正是我们整合对人性各个方面的理解并创造出一个真正全面的心理学的时候。

20世纪60年代末期,马斯洛日益把注意力转向能够影响有意义的政治和社会变迁的相关领域。在这篇不完整的、未署明日期而又令人回味的文章中,马斯洛提出的见解,在当前许多美国人正在寻求政治进程重大变化的时候,其意义似乎比以往任何时候都更加重大。

FUTURE VISIONS

27

关于美国政治的进一步思考

我强烈地认为,我们需要对美国的政治体系做一些艰苦而现实的思考。它已不再像原来设计的那样运行了。由于大众媒体和批判性公众精神的衰落,我们的政治生活现在主要是赢得选举、展现"形象"、公共关系和广告宣传。

目前我们的体系另一个弱点就是将数百名男女变成职业政治家,强大的压力使得他们除了政治以外几乎没有时间考虑任何其他事情。同样的体系也使我们所有其他人脱离了政治生活,并因此感到无助。在英国,威斯敏斯特㊀每天不得不发生太多事情,而其他地方却太少了。因此,如果为了减轻众议院的工作压力,现在就很有必要在英

㊀ 英国行政中心所在地,英国国会在此。——译者注

国成立地区议会。

苏联是一个完全社会化的集体主义社会,其弱点是过分依赖计划体制,因此缺乏足够的企业精神和灵活性。而且,这样一个社会也可能不能真正满足其成员的所有消费需求。但在我们自己的社会,大多数人特别是年轻人都受到广告、销售竞争的长期压力,以及对公众品位和消费的不道德的操纵。

我们应该在这两种社会体制之间创造一个结合这两种体系中最好一面的社会,将金钱置于公众控制的权力之下,同时也使得大量私人企业可以满足公众即便是非常微小的所有需求。

在马斯洛生命的最后十年中，他对于将人本主义心理学的真知灼见应用到美国的工厂中越来越有兴趣。在20世纪60年代，马斯洛的思想开始影响新一代的管理理论家和实践者。在1969年6月写的这篇未发表的文章中，马斯洛作为驻加利福尼亚州萨迦公司的学者，将注意力转移到了健康组织运作中沟通和反馈的作用上。

FUTURE VISIONS

28

沟通
有效管理的关键

近期一整个系列萨迦公司的报纸使得我不得不在"优心态"与改革类别下增加了一个新的副标题，即"大与小"。对规范的社会心理学家而言，很明显的一个问题就是有必要去整合"大与小"的优势并避免"大与小"的劣势，我也会把这一问题补充到自己关于乌托邦的文章里面。这项任务已经开始在尝试，特别是在商业领域，因此肯定可以完成并取得巨大的成功。我们要从正在进行的这项重要工作中学习很多东西，也许我可以把当前高等院校在这一问题上所采取的方法作为一个最简单的模式来加以介绍。

加利福尼亚大学伯克利分校就是这样一个例证。这所学校是一个巨大、畸形且高度集权的官僚机构，几乎没有任何反馈和客户满意度。只有从少数高级管理人员到成千上万学生和教师的下行沟通，而从来没有有效的上行沟通。这样一个巨大且没有任何人情味的官僚组织几乎不可避免地会使人产生无助感、诉求得不到倾听、无法掌控自己的命运，沦为棋子而无法主动作为的感觉。哥伦比亚大学的情况也是如此，这里曾发生了严重的学生造反事件。也许这种情况还会更糟糕，因为其校长、委托人、大部分管理人员和教师完全不知道他们的顾客（即学生）正在想什么、做什么。

在国家政治层面上，某些国家的权力几乎完全集中，各种各样随之而来的低效和愚蠢导致公民强烈地感到无助和愤怒。在这里所缺乏的还是有意义的上行沟通，即来自客户的反馈。顾客的满意度或愿望几乎没有得到任何关注。

在我看来有趣的是，这两个国家的主导体制尚未很好地运行就已然完全崩溃。现在正在取代它们的体制几乎不可避免地都有更好的上行沟通、更强的地方控制、更多的权力下放，并且只有在收到客户的反馈才会制订计划。我认为这一方法整体上用一个短语来概括非常恰当：个体自主选择。

对管理人员而言，重要的一点是保留"小"的优势，从而让个体具有多种选择，并鼓励他们通过购买、注册特定的课程或用脚"投票"（通过迁移到另一个地方）等方式来表达他们的偏好。我之前没有充分意识到这一点，但是整个民主管理方法，无论我们称之为Y管理理论还是开明管理理论，都具有实质参与、本地化、权力下放，以及由此所带来的良好的顾客反馈和对个体及基层加以控制的特点。

本期萨迦的报纸上有一篇非常有趣的关于调查法在管理中应用的文章，它为我提供了非常好的例子，让我可以对管理、政治、民主和社会改良等从概念上进行归纳。萨迦公司发展中非常重要的一点就是从一开始，也就是从1948年在霍巴特学院从事食品服务开始，就通过对学生进行调查来获得他们的反馈。这种通过口述的、面对面的非正式方法进行评估的传统还在继续，而且被扩展为范围更大、意识参与程度更高、更有效率的计算机系统。

但值得强调的关键一点是，说到底，这种方法是一种态度问题。权威主义的个体和组织不会询问、倾听或征求诚实的反馈意见，而是习惯于告知、命令或发表声明，不会去收集反馈、评价或评估客户的满意度、了解系统的真实运作状况。而民主态度，源自个体的性格和社会现实，涉及对他人深刻的尊重。我甚至可以将这种态度描述为同情、无条件的爱或对他人的坦诚，愿意甚至是渴望去倾听。这种态度最终的结果必然是为他人提供了做出自我选择的机会。

因此，如果你喜欢他人，乐见他们的成长；如果你认为他们的天性可以得到进一步培养；如果你能从他们的成长、幸福和自我实现中体验到真正的满意；如果你很乐意分享他们的快乐；如果你对他们有兄弟姐妹般的情谊和共同语言，那么你几乎不可避免地会创造出特定的社会组织或体制。而相比之下，权威主义的"老板们"拒绝与"被雇用者""棋子"和他们所谓的下属有任何意义上的亲近感。

表达这一民主态度的另一个词汇是"道家式尊重"。它不是源于塑造、操纵、管理或控制他人，而是源于对他人的足够尊重，允许和鼓励他们肯定自己的品位、偏好和选择。管理中的道家式尊重还包括通过改善自我选择的方案来对所有的反馈做出积极的回应。

这一思想还可以从其实际后果（有效性、评估并观察事物如何运行）方面来加以讨论。在私营企业中，已经有了很多非常有效的反馈形式，比如利润表等。所有这些构成了一个类似于控制论的快速反馈法，它可以显示系统的运行情况和运行的有效性。如果个体具备这样的知识，就可以抵抗灾难和故障。比如系统中的某个部分出现红色警示灯，就表示出现了问题，可以马上去这个部分查看并及时地纠正和改进。但如果没有这样的反馈机制，系统中任何一个部分的任何一个故障都可能会一直持续下去，当然这些故障也可能会自愈，但也可能更加恶化并最终导致整个系统崩溃。

这里还涉及"身体智慧"这一问题，这是一种预先假定自我选择价值的理论。我们可以引用所有生理学研究，比如对食物的偏好，也可以引用我自己关于大学生对教授学识和能力的评价研究。例如我发现，学生所做的评价与教授的同事所做的评价一样准确，这一发现表明，学生的"智慧"远比我们普遍认为的多得多。心理学很多领域的数据都可以被综合起来进行分析。实际上，我相信写一篇综合关于智慧，或缺乏智慧和个人选择的所有数据的总结性文章，它对于在社会科学和管理学领域建立人本主义伦理学是非常有价值的。

看来我的核心观点（至少在人本主义管理或政治方面）是，所有事情都源自个体的性格结构，不管是民主的还是权威主义的，都是如此。我也坚信，人本主义会使人们感到更加快乐、更加满足，能够被他人所倾听和理解，能够过着积极的生活，而不是一枚无助的棋子。积极行动者的感觉完全不同于被控制、被支配和被主导等的感觉。

权威主义个体或体制会对他人产生后面那些影响，而民主的个体或体制会产生前面那些影响。因此毫无疑问，如果可以选择的话，几乎所有人都会选择民主的个体、组织或社会。因为这样做肯定能给个体带来快乐和幸福。从自我发展的角度来看，强者所拥有的民主、同情、爱、尊重和享受成长的态度会促使弱势群体的成长和自我实现。换句话说，人本主义心理学的基本前提构成了开明的政治和社会变迁的基础。

最后，回到整合"大与小"这一主题上来。我认为有必要指出的是，在小型的、个人的、面对面的企业、学校或社会情境中，这一问题并不会出现。只有当个体企业成功地变得越来越大的时候，这些问题才会出现。如果我们意识到"小"和客户满意度的优势，并且能够从整体上了解正在发生的情况，那么我们就可以得到预警，并安排如何发展壮大，就像萨迦公司管理人员成功发展他们的公司一样。

我们可以利用技术的优势，将所有民主的、沟通性的、尊重的、爱心的、倾听的、顾客满意度的事情加以制度化，换句话说，保持"小"的所有好处，同时利用"大"的好处。例如，《坦普周刊》（*Tempo*）同期刊登的几篇文章表明，为了改善规模较小的面对面的企业凭无意识和直觉所做的事情，大众营销、大规模采购、劳动力分工和聘请各种专家来加以应对具有很强的优势。

我应该如何称呼这种革命性的新方法呢？Y管理理论？开明管理理论？人本主义管理理论？也许后者是最有价值的术语，因为它意味着真正的尊重、喜欢和对人类更高可能性的了解。

我希望最后再补充一点：如果客户能够即时地表达他们的看法，包括反对、愤怒和热忱，那么整个反馈系统就能最大限度地发挥作用。持续和即时反馈是最理想的。我听说好莱坞电影公司已经在应用这一方法了，观众在看到屏幕上的某个特定场景时，可以按下"反馈键"。如果我们能够在当前的管理中更好地模仿这种方法，我们的社会就会变得更好。

到 20 世纪 60 年代中期，马斯洛已经对美国大多数知识分子的主流价值观和世界观表现出了彻底的不满。马斯洛正慢慢转向我们今天所说的新保守主义立场，认为大多数自由主义知识分子无法认识到人类邪恶的现实，因此带来了严重的社会和政治后果。在 1967 年 1 月撰写的这篇未发表的文章中，马斯洛阐述了这一问题。

FUTURE VISIONS

29

对邪恶视而不见、充耳不闻
自由主义的溃败

现在似乎是解决当代自由主义重大缺陷的时候了。我们首先知道自由主义者（通常重视智力和审美的发展，但身体消瘦）对于不管是自己身上存在的邪恶还是他人身上存在的邪恶，并没有一套好的理论或经验性的认识。对于自己或他人身上存在的对权力的追求也没有足够的理论或经验性的认识。

我们完全可以根据下面的重要论述来定义当代的自由主义者：他们认为人是没有邪恶的，对权力没有兴趣，也不会为之而争斗，并且总会很理智地使用权力。从这一核心假设出发，自由主义者在解释打击犯罪分子、黑手党、拉斯维加斯黑帮或者像卡车司机吉米·霍法（Jimmy Hoffa）那样残忍的人物时，出现了各种各样隐藏的、偷偷摸摸的、无意识的暗示和推理。值得注意的是，自由主义者从未否认联邦政府对于吉米·霍法的指控，他们只是抗议政府没有采用自由主义这一正确的方式对待他。

换句话讲，自由主义者似乎认为"游戏规则"在某种程度上是自主的，比如被采纳的法律证据的性质、个人隐私的保护，以及《人权法案》都是可以改变的。他们忘记了当初是因为什么而设计的这些游戏规则，也就是说，他们忘记了制定宪法和法律的目的。

不幸的是，当前在许多西方国家，自由主义者只要看到议会议事规则和秩序正常，对于社会的终极目标，即正义、真理、秩序、法律、安全、美德等完全是听之任之、漠不关心。从最严格的意义上看，精神科医生艾瑞克·伯恩（Eric Berne）也曾持相同的观点，自由主义者将我们的社会制度仅仅看作一种游戏，而不是为了实现真正的价值观和目标的重要工具性活动。

在这一背景下，我们很有必要讨论一项名为"锡南浓"的新药康复计划，这项计划对于成瘾者和情绪完全崩溃的重罪犯非常有效。必须明确的是，"锡南浓"计划从一开始就采取了完全强硬的、专制的、独裁和苛刻的规则来故意打破药物成瘾者的意志以及自豪与傲慢的自我形象，强迫他们跌入"谷底"，使他们接受谦逊、软弱、无助和挫败。从本质上来看，这一计划从一开始就像一个非常严厉的父亲在对待他们。

这与我们社会中法律的相似之处非常明显。毕竟法律的目的就是推动实现正义和其他存在性价值，而不仅仅是为了把游戏玩好。

对那些心智不健全者、生活在最低动机层次者、与四岁孩子一样明显不成熟者来讲,在获得康复和内在成熟之前,最紧迫的主导需求就是有一个严厉和有力的父亲,有明确而不可撤销的规则,以及这些规则与存在性价值观和终极目标之间绝对清晰的关系。

对于那些所谓的不发达国家,这一规则同样适用,甚至更有价值。这些国家也需要强有力的掌控。我们关于人类动机的所有数据和理论都指向这一方向。但我们实际上不可能说服当代的自由主义者同意这一观点,相反,他们愚蠢地坚持用对待高度成熟和负责任的人完全相同的方式来对待那些心智不健全者。自由主义者坚持用与对待自我实现的人一样的方式去对待精神病患者、偏执狂和精神分裂症的人。为什么是这样呢?很有必要从心理学角度加以解释。

奴隶式道德

这是因为身体比较弱(清瘦但富有智慧和审美能力)而使得典型的自由主义者感到一种尼采式的愤怒或奴隶式的道德原则吗?这个术语我指的是,弱者在面对他们害怕和嫉妒的强者时所表现的道德原则。由于我们的社会是知识分子起草法律、制定游戏规则,这些误导性的行为究竟有多少是来源于弱者对于强者侵犯的恐惧?令人好奇的是,正如心理学家威廉姆·谢尔顿所指出的那样,我们社会中的犯罪分子,特别是那些帮派头目,通常都是体格非常强健的人。这些人在他们想要去做的所有事情中都能成为领导者。如果他们不是帮派头目,也会成为公司总裁或参议员。

体格强健的人很容易适应不同的游戏和规则。他们倾向于为所欲为，并且下意识地认为强者赢得战争的战利品（包括财富、女人等）是正义的一部分，这种结果是适当的、公平的和正义的。这样的人不大可能以尼采式的无能为力地嫉妒的方式去怨恨。相反，他们更倾向以向统治阶层展示公开的敌意来表达自己的愤恨，也就是说，他们随时准备战斗，如果被打了，他们会很愤怒。而且他们这种攻击性的、情绪性的立场很有可能是有意识的，"他们一定会后悔和我斗的"，而不是像我们通常对弱者的期望那样，以一种无意识的抑郁形式而消失。

也许我们可以这样说：体型消瘦者有自己的一套生活规则和目的，体格强健者则有一套完全不同的生活规则和目的。当然，体格强健者更有可能对权力、物质财富和征服性伙伴感兴趣，一般来说更有可能成为"山大王"。而对于体型消瘦者而言，统治的动力通常很低，而且隐藏得很深。无论如何，体型消瘦者想要成为"山大王"，必须通过审美或智力的手段，而绝不会通过体力斗争、公开对抗、身体暴力战争来实现。

这也许说明了为什么体型消瘦的自由主义者建立了一套看似自我挫败的规则，这套规则可能很适合管理其他体型消瘦者和知识分子，却显然不适合打击体格强健的罪犯和违法者和身体强健者。

很明显，自由主义者似乎从来没有对吉米·霍法或黑手党生气，似乎已经接受了邪恶者的邪恶，已经不再对付他们，而是要求我们的政府、法律、法官和法庭完美和圣洁。

终极的心理动力学解释还来源于我对体格强健者和善于格斗者权力欲望的观察。这些人有一套强者的生活规则，这套规则构成了他们的伦理道德。这套规则默认强者对弱者、胆小者和无知者的统治权力。强者似乎在内心无意识地认为弱者和胆小者没有反抗和回击的权力,因此当弱者报复的时候,强者就会感到非常震惊。

尽管我还不能确证这一点,但我的印象是:体格强健者不仅会很惊讶,而且他们会对那些温顺得像羊羔似的人突然像狼一样转过身来顽强反击感到非常愤怒。在他们看来,羊羔就应该是一只羊羔,而且永远应该像羊羔一样,而不要突然转过身来撕咬、抓扯和报复。体格强健者倾向于用一种和善但轻蔑的态度对待弱小者,甚至既会照顾他们,也会剥削、统治、欺压和利用他们。但只有弱小者安守本分,这种和善而轻蔑的态度才会存在。

一个很好的例子就是四五十年前美国南方白人对待黑人的方式。在某种意义上,白人会"照顾"、帮助和保护黑人,但黑人必须接受他们在这一方程式中的地位,他们必须承认自己不是一个完整的人,因此不配享有完全的公民权利和人权。因此当时在南方存在两个阶级,因而产生了两套完全不同的法律、规则、道德和价值观。正是从这样一些现象中,我模糊地看到了强者与弱者、捕食者和猎物、优势成员和弱势成员之间的关系。

社会影响

这一主题必须在我有关乌托邦的课程中进行讨论,并最终在更广泛的社会心理学体系和所有社会进化理论中进行讨论。很久以前我就明白,除非一个社会的内在体制能够使得所有阶层、所有领域的强者、创新者、天才和开拓者被重视和欣赏,而且没有被那些尼采式的愤怒、无奈的嫉妒和弱者的反价值所撕裂,这个社会才能非常成功地运转，特别是对于那些彼此独立、相互分离的民族国家而言。

到目前为止，我唯一能够提出的预防策略就是：社会领袖、强者、高成就者和获胜者都能够获得更高层次需要和超越性需要的满足，而不是像钱和物质财富这样显而易见的低层次需要的满足。

例如，这些人已经摆脱了贫穷，愿意比一般社会成员享有更少的物质财富。也就是说，只要他们的高层次需要和超越性需要得到满足，特别是自我实现的需要能得到特殊满足，他们就会感到非常开心。能够自由地去做自己想做的事情，把每件事情尽可能做好，而且不受任何阻碍，不需要说服很多人去相信和支持，这对于优势成员、领袖和开拓者而言可能就是最好的回报。

在这种理想的体制下，普通人实际上会获得更多的金钱、生活用品和汽车等，因此他们就不会去羡慕、怨恨和嫉妒领袖人物。我到现在依然认为这样的体制应该是非常好的。进一步讲，给人们支付对他们自己有价值而不是对别人有价值的物品和服务，这一原则非常好。

例如，如果我们可以给予体格强健者参与诸如登山、冲浪、深海潜水或足球比赛这些富有吸引力活动的机会，他们会视若珍宝，而这些活动对体型消瘦者而言没有什么兴趣，他们甚至会拒绝参与。因此这种回报就可以将体型消瘦者的嫉妒最小化。同时他们更愿意有机会阅读各种书刊、去图书馆、听古典音乐会等，这种回报对于体格强健者而言没有任何吸引力。如果能这样，每个人都会很开心。这和理想的婚姻很类似，在理想的婚姻中，每个人都从中获得独特的满足，而且不用羡慕对方。

最后，这一有关整个社会的理论，而且在国家主权这一更为宽泛的政治层面上，都必须接受这样的事实，即对于欠发达或比较原始的社会而言，强有力的领导是必需的。当然，人类历史上最重大的问题就是这些强势人物很可能会变得很邪恶，即使一开始不是这样，也会由于似乎不可避免的权力腐败而变得邪恶。在我看来，这一问题原则上不可能在国家主权体系内加以解决，必须有国际制裁。必须有超越国家的力量能够把这些规则强行施加在像希特勒这样的国家独裁者身上。而且这样一种超越国家实体的像父亲般严厉的力量必须持续一段时间，同时教育民众使其成长到更加成熟的水平，直到这个社会最终能够通过政治民主，甚至是无政府主义和分权制来进行管理。

我必须尝试建立一套既适应强者也适应于弱者的法律制度。但这真的可行吗？也许关于权力或邪恶的心理学理论最终能够找到解决这一困境的方法。也许50年后会为不同的人建立不同的法律，就像我们针对成年人和儿童制定不同的法律一样。也许我们也可以为强势的领袖和弱势的追随者、为体格强健者和体型消瘦者、肥胖者各自制定不同的法律。

此外，我们必须解决存在于正常的公民（根据超越性规则和法律生活、高度成熟的人）和犯罪分子（根据非常低的一套规则，比如"在腰带下打孔""背后捅刀子""打冷枪"、暗杀对手等）之间固有的法律、监管和权力关系悖论。很显然，整个社会都有可能被罪犯所接管，就像西西里岛、巴蒂斯塔（Batista）统治的古巴、"爸爸医生"杜瓦利埃（Duvalier）的海地以及一些非洲和拉丁美洲等地区的国家。我几乎可以确定，消除西西里岛黑手党和拉斯维加斯黑帮的唯一办法就是，一旦罪犯想要用他们的低规则来玩，就要放弃高规则并有效地掌握低规则。

如果你戴着手铐脚镣去与那些有伤害和谋杀倾向的人搏斗，那就太愚蠢了。如果对手是以一种截然不同的规则在和你玩一场残酷的游戏，我们自己却坚持使用像网球这样优雅的游戏规则，那么会使得我们自己被毁灭的文化从整体上看明显非常愚蠢。社会不是游戏，是一场严肃的生死攸关的努力。规则仅仅只是手段、工具和技术。它们本身并没有绝对的意义，它们的意义完全在于它们所服务的最终目标和结局。当社会规则开始功能自主时，这对每个人而言都是非常恶劣和危险的。

而且，看起来这种状况当前已经出现在权力自由论者和自我憎恨的美国人身上。

马斯洛晚年对领导的心理特质很有兴趣。他坚信人本主义心理学可以提供一些帮助人们发挥其领导潜力的思想和方法。在这封写于1966年12月29日未发表的信件中,马斯洛向对此持怀疑态度的哲学家兼编辑亨利·盖格写信,并提出了自己的看法。

FUTURE VISIONS

30

领导、下属和权力
致亨利·盖格的信

亲爱的亨利:

昨晚我又失眠了。我对自我、同一性和内心问题的结论,与我对社会、组织和政治事务的结论似乎出现了矛盾,我一整夜都为此而纠结不已。现在我清楚了,对于个体主义心理学而言,"善有善报,恶有恶报,不是不报时候未到"。不管是通过临床材料还是通过规范的研究数据,我认为我都可以证明这一假设。

我的结论是,从长远来看,在人的一生当中,恶有恶报的概率大概是83%,而善有善报的概率大概只有55%,但这仍然显著高于随机概率。

然而真正关键的问题是，惩罚和回报在很大程度上是内在的，与幸福感、平静与宁静感和消极情绪，比如遗憾、悔悟和内疚的缺失有关。外部回报一般是归属感、被爱和尊重，以及生活在一个更加真、善、美的理想世界等基本需要的满足。也就是说，生活给予我们的回报并不一定就是通常所说的金钱、权力和社会地位，因此我们需要更加准确地界定所谓的"回报"与"惩罚"。

为了维持一个相对较好或充裕的社会，让大多数人相信"善有善报，恶有恶报"似乎是非常重要的。而且即使在当前这个社会，我相信我也可以证明自己的观点，即坏人会以我上面提到的内在的方式受到惩罚，而好人也会以相同的方式得到回报（尽管概率很低）。

理解权力追寻者

在我现在进行的探索性研究中，一直困扰我的就是权力问题，我指的主要是那些强势且强硬的人物，他们追寻和行使权力，他们有好有坏，但在我的印象中，一旦获得权力往往会使大多数人倾向于变得邪恶而不是善良。这种情况带来一个巨大的谜团，除了提供一些未经证实的猜测以外，我也不知道为什么会如此。当然，在某些情况下，更大的地位或权力实际上会使人们变得高尚，使他们不辜负自己的新角色或机会。

无论如何，追寻权力的人更倾向变得邪恶而不是更好，都表现出一种提升社会地位并获得实际权力的倾向。这让我想起了哈维·福格森（Harvey Fergusson, 1921—1971）写的一本名为《征服者的鲜血》(The Blood of the Conquerors)的小说。这部小说叙述了一位墨西哥裔美国人在新墨西哥州的一个小镇上如何与一位强硬的"北方佬"在政治上对抗。这个"北方佬"是一位执着而无情的权力追寻者,将生活中的一切都从属于其对权力的获得,而那位墨西哥人偶尔会停止政治斗争去"赏赏雏菊"、享受享受阳光,因此他最终战胜了那个墨西哥人。

这种二分法似乎可以将约翰·肯尼迪(John F. Kennedy)和林登·约翰逊(Lyndon B. Johnson)这样真正强大的美国人物与像艾德莱·史蒂文森(Adlai Stevenson)那样的人区分开,像艾德莱·史蒂文森那样的人似乎并不拥有同样的掌管政府权力的驱动力或个人需要。从我们听到的关于史蒂文森的传言来看,他更愿意享受个人的美好生活,这样做无疑会分散他坚持不懈地追寻政治权力的时间和精力。因此,从长远来看,像史蒂文森,甚至亚伯拉罕·林肯和托马斯·杰斐逊这样的人,与那些被不屈不挠的权力动机所控制的人相比会处于不利的位置,当这些"和蔼"的人物确实拥有了权力时,通常是因为他们被别人选择并接受了责任,或者因为他们已经进入权力斗争,并有意识地通过传统的"无约束"的规则来玩游戏。

顺便提一句,正是这个问题使我明白了人必有一死的必要性。如果我们的寿命延长一倍,那么最有可能的就是那些权力的追寻者会更长久地控制世界。例如,我们布兰迪斯大学的校长艾布拉姆·萨查尔(Abram Sachar)是一个渴求权力和追逐权力的人。但他年纪越来越大,可能只有四五年或十年的寿命了,这是件好事。就像拿破仑、林登·约翰逊和其他类似的权力人士一样,萨查尔在最初建立这所大学时是非常必要的，这是独立性很强的一个工作，萨查尔完成得非常漂亮、非常高效。很明显，如果没有这样一位行使权力的人掌舵，这样的奇迹是不可能发生的。

但开创阶段已经过去了，现在布兰迪斯大学需要的是一位管理者，或者说是一位"老大哥"、同辈人中的佼佼者。我们不再需要一个将所有权力都掌控在自己手中专横、独裁的老板。毫无疑问，我们布兰迪斯大学的下一任校长会是一位比萨查尔更加温和、更像兄弟一般、更富有感情的人。如果像萨查尔这样的人活到150岁，这个教育机构和其他社会机构会怎么样呢？如果不是人的寿命有限，这些人真的会控制世界。

弱小的自我

最近我在加利福尼亚州做管理咨询的时候，还想明白了另一件事：大多数人都缺乏强烈的自我意识。他们不知道自己一生中想要什么，在追求什么。因此他们非常容易受他人影响并追随一位非常自信的领导，而不是自己决定自己的命运。

关于领导的关键一点就是，好的领导一定是非常果断的。他们不会展现出不确定、矛盾、内心的冲突或模棱两可。从本质上讲，他们隐藏了不确定并不让他人觉察。远洋客轮的船长不能是犹犹豫豫的哈姆雷特，必须总是表现得很坚强。

那么，如果我们接受这样一个统计事实：普通美国人都会听从销售人员的建议，或者追随一位强有力的领导，而不愿追随一位心思细密、令人捉摸不透的领导者，那么领导力的另一个因素就是：

决断力。我说的是什么意思呢？也就是世界上没有人比偏执狂更有决断力了，而且也没有任何一个追逐权力的人比偏执狂更顽固、更坚持了。这样的人永远不会放松，他们从来不会停下来笑一笑、开开玩笑或欣赏欣赏周围的鲜花，他们只是不断地坚持下去。

现在对于我来说，这一现实为一个非常令人沮丧的历史事实提供了解决方案，至少是部分解决方案，而这个非常令人沮丧的历史事实是，让现代世界陷入灾难的政治领导人物通常都是偏执狂，如希特勒。美国参议员约瑟夫·麦卡锡（Joseph McCarthy）和罗伯特·威尔奇（Robert Welch，极端保守的约翰·伯奇协会的负责人）也表现出了这样的特征。如果我们考察这些政治领导人的生平，就会发现这些人都是偏执狂，但不幸的是，我们只有在损害已经发生之后才会获得这些知识。但随之而来的是一个令人恐惧的问题：为什么这种饱受情绪困扰的人经常很容易赢得忠实的追随者，并把他们带向毁灭。

我记得我特意考察过南加利福尼亚州的右翼约翰·伯奇协会，结果得出了与陀思妥耶夫斯基、埃里希·弗洛姆和其他思想家相同的结论，即许多人害怕自由，更愿意别人为他们做出决定。

很早以前，我的妻子贝莎曾在纽约市百货公司担任销售人员。她很震惊地发现，大多数顾客不知道自己想要买什么，几乎是非常可怜地请求别人告诉他们应该买什么。这种情况经常发生在礼品部，而对礼品来说，个人的品位是很重要的，但有相当一部分人完全缺乏审美能力。贝莎总结说，只要推销就有可能卖出任何东西。当然，她从来没有打算这样做，最后出于对整个行业的恐惧，她放弃了这份工作。但其他销售人员这样做了，当然，是"推销"他们需要处理掉的所有产品，而且通常都相当成功。

如果这种现象存在，那么大多数人都在寻求领导者就是可以理解的。如果他们寻求的领导必须是强有力、自信和不可动摇的，那我们就可以更好地理解为什么他们要聚集在偏执狂、自私的权力追寻者和那些要控制一切人和事的人周围。我们也可以理解为什么更深思熟虑、更理性的人（能够看到问题两面性的人）对于那些寻求绝对决断力的人来说不会有太大的吸引力。最后，因为自私、自恋和权力驱动者发现将别人作为自我提升的工具是很容易的，所以他们获得不相称的权力是有道理的。

简而言之，我一直在为弥合这两者之间的差距寻找一些解释：内心世界关于好人有好报的问题和邪恶的人在社会、公共与人际世界中有更多选择的问题。

自我实现之后是什么

在内在心理领域中，首要任务是寻找个体的同一性。每个人都必须找到自己真正的、积极的自我。这一任务完成之后，生活中的真正问题就摆在了眼前。显然这一任务与找到自己的职业以及生物学意义上的命运有关。也就是一个人所选择的热爱和为之牺牲的使命是什么。

就好像我们有两种内在的心理学：一个涉及我们为了自我实现所进行的日常斗争；另一个涉及的是为了一种与神秘主义或圣人相关的生活而存在的完全不同的心理学或规则。

这些规则在各种各样不可思议的方面完全不同。例如，传统经典的研究设计强调统计。当我向我的研究生强调他们也必须掌握这些工具的时候，他们很容易认为我前后不一致甚至很虚伪。但现在我已经学会了如何解释，我所反对的是强迫研究者使用所谓的客观测验和统计方法，而不是反对从内在直觉指导进行研究。可以说，那些获得了自我同一性、方向感和使命感的人只是把工具当作工具来使用，工具是为使用者服务的，而不是来掌控使用者的。

例如，我最有才华的一位研究生完成了关于自然分娩期间高峰体验的学位论文。她有很多精彩的发现，但她起初也必须先学习数据的录入、统计分析等相关的工作，这一切都是为了使她的论文做得更好。IBM计算机肯定是她的仆人，而不是她的老板。无论如何它也不会统治她。她现在很好，而且肌肉更强健。

关键之处就在这儿了：首先你必须是一个好人，有着强烈的自我和同一性。接下来，世界上所有的力量都会立即成为你实现自己目的的工具。它们不再是导致、决定和塑造自我的工具，而成了自我所使用的工具。同样的原则也适用于金钱：在强大而善良的人手中，金钱就是巨大的福音。但在软弱和不成熟的人手中，金钱就是令人恐惧的危险，会毁掉他们和他们周围的人。同样的原则也适用于权力，包括对人的权力和对物的权力。

在成熟的、健康的人——已经实现了完满人性的人手中，权力就像金钱或其他所有工具一样，是一种巨大的福音。但在不成熟、邪恶或情感病态的人手中，权力则是一种令人恐惧的危险。

本质上来讲，如果你知道你是谁，将去向何方，想要什么，那么处理这些官僚主义的细节、琐碎和限制就不难。你可以很简单地缴了他们的武器，耸耸肩让他们消失。我知道自己对现在的一些年轻人比较缺乏耐心，他们常常把很多力量都看作社会压力和强迫。我认为我们所要做的就是不要去理睬这些影响，它们就会自己消失。想想我们花费在电视广告上的数百万美元吧，如果人们通过阅读消费者杂志来做出明智的判断，那么这种看似巨大的力量就变得微不足道了。美国当权者中的邪恶势力突然消失了，对这样一些人来说，他们就不再存在了。

当然，自由意志和决定论的整个问题在某种程度上是通过这样的考量来解决的。用你们自己的话说，那些已经获得自我同一性的人是主动者而不是被动者。我认为，最好是使用这样的词来进行讨论，而不是用自由意志，因为自由意志这个术语在历史上有太多的含义，会将问题变得很混乱。我们可以说这些人"掌握着影响他们的众多因素"，或者说他们可以选择决定因素，选择那些他们喜欢的，拒绝那些他们不喜欢的。

从唯心主义的角度讲，这样的男性和女性会接受他们所赞成的决定性因素，他们会被这些力量一扫而空，就像是冲浪运动员驾驭波浪一样，这是一种极富道家精神的活动，冲浪者不会以任何方式改变波浪。他们既不掌握、不控制波浪，也不害怕波浪，只是和谐地适应波浪，从而享受波浪并成为其中的一部分。

变得真实

我已经习惯说，真实的人是那些已经发现并接受他们自己生理上的、气质性和体质性的信号，这些信号来源于个体的内部。从某种意义上讲，这一描述也与直觉相关。如果你有能力倾听自己内心冲动的声音，那么你就获得了一个内在的"最高法院"，从中你可以获得永远不会错误的建议甚至是命令。这些人知道什么对他们而言是好的、什么是不好的，也知道自己喜欢什么、不喜欢什么。

我记得你在《玛纳斯》(MANAS)㊀杂志上发表的一篇引导性文章中谈到了拉尔夫·瓦尔多·爱默生（Ralph Waldo Emerson），以及他如何相信自己的判断和直觉。历史性的结论是：爱默生的判断和直觉是非常可靠的，因此他相信他是正确的。随后你以一个问题结束了自己的文章："一个人怎样才能成为爱默生？"

这个问题可以大体上表达为："一个人如何才能成为一个具有同一性的人，一个确定的人，拥有真实的内心声音、能听到内心声音并有勇气按其采取行动的人。"当然，如果这样的人存在，他们就会爱自己，做自己想做的事。

我记得很久以前我在布鲁克林学院教五门心理学课程的时候，我是真的很忙。我是那个地方唯一一位临床方向的教授，所以我不得不发明各种各样的技巧在两分钟内提供心理咨询服务。当我面对那些担心孩子发展的母亲时，我想出的一个小窍门就是快速判断母亲是否情绪稳定、健康、具有自尊吗？如果显然是这样，那么我给她如下建议："丢掉你所有的育儿书。不要听儿科医生的。不要寻求任何心理学家的咨询。跟随你自己的直觉。我保证你的直觉整体上会很好，无论如何，它比你从别人那里得到的任何建议都要好。"但是，如果我发现母亲情绪不稳定、神经质、不成熟或者极度困惑，那么我就会给她列一份心理学书籍的清单让她去阅读，并推荐她自己或她的孩子去进行心理治疗。

㊀ 这是已故的亨利·盖格的先锋派期刊的名字。——编者注

显然，我的咨询方法并不矛盾。有些人有良好的直觉，因为他们已经实现了自我。另一些人的直觉则很糟糕，因为他们没有实现自我，因此无法将真实的内心声音与神经症区分开来。那些神秘主义者是否真的听到了上帝的声音？可以很合理地向这些人发问："你怎么知道这是上帝的声音，还是魔鬼的声音？"这确实是一个合理的问题。

那么，好吧，你可以说在某种意义上，人类社会中有1%～3%已经成了"人"的人，但绝大多数人还并非如此，因此，他们必须寻求领导者、销售员或牧师——总之，能够告诉他们做什么、想什么的人。

每个人都是领导者吗

跨文化的证据有助于我们澄清整个领导力问题。对于一个拥有自我信任和自知之明的真正自我实现者来说，知道他的兄弟乔比他更擅长领导狩猎聚会是有可能的。在我所研究过并一起生活过的黑脚印第安人当中，群体的领导者总是能在那项特定的任务中表现最好。他们并没有一个掌管所有事务的全盘性的领导。因此，一个优秀的猎人，一个能够成为狩猎聚会领导者的人，他会心甘情愿地、没有怨恨地在战争中服从那个在特定活动中表现出色的人。在我最了解的黑脚部落中，领导是在良好的意志下协商决定的：部落成员准确地知道哪个人最适合哪项任务，并且不会对这种责任的敌意或怨恨。

正如人类学家露丝·本尼迪克特所暗示的那样，我们概念化、创造和发明促进或阻碍个人自我实现的社会制度，似乎是可能并且重要的。在某种程度上，创造一个美好世界的原则或"法则"与培养一个好人是不同的。这种差异至少在一定程度上与我在这封长信开头所建议的一样，即内部奖励和惩罚与外部奖励和惩罚的不同。因此，我们必须在有社会心理学的同时还有个体心理学。最终，两者都必须以有效地为人类的需求和利益服务。

这封信已经变成了一篇文章，一定程度上是因为我知道我们在领导者、下属和权力的话题上观点是一致的。我一直在口述我的意见，并把它们转录之后送给你。如果我们住得更近一些，那肯定会更好，但你住在南加州，而我住在波士顿地区。如果能够打电话，我会很乐意和你聊聊，因为我不仅喜欢和你聊天，而且觉得这种聊天很有用。

在晚年，马斯洛越来越相信，美国的大众媒体基本都是社会的破坏性力量而不是有益的力量。他坚信，美国社会的许多重要的、积极的发展都被严重地低估或忽视了，相反，媒体给了相对琐碎和消极的事件太多的关注。在20世纪60年代中后期撰写的这篇未发表的、未注明日期的文章中，马斯洛提出了他对此的看法。

FUTURE VISIONS

31

报纸的动机层次

以动机理论来看待报纸内容也许是相当有用的。从记者和编辑所偏好的"什么是新闻"的定义看来，他们似乎是从低层次的、灾难性的或安全需要层面的观念来操作的。我的意思是什么？只有当那是一场灾难、一场壮观的紧急事件或者某种恐怖的事件时，才被认为配上报纸头条。也就是说，从主流媒体看，生活的整个积极面都缺失了。

因此我们可以说，日常现实与典型的新闻报道之间存在着巨大的"可信度鸿沟"。如果我们相信报纸和杂志真的在描述现实，那么我们根本就不知道周围正在发生着什么。特别是在电视上，占主导地位的"灾难性"的新闻定义实际上侵入并扭曲了新闻——倾向于将复杂的事件简单化，非黑即白。这样的定义不可避免地会产生不准确之处。

在今天的大多数新闻报道中，人们通常把生活看成是一场胜利者和被征服者的决斗。例如，美国总统或一个州的州长成功地使立法机关通过了一项法案被报道成他们获得了胜利，言下之意是"他使得他的计划通过了"。

这让我想起了法理学、法庭和审判程序的思维定势。法律体系也以决斗或零和博弈的形式出现，即一方赢了，另一方必然输了，而在这个过程中，可能失去了真理和正义。

另一种描述媒体对"新闻"的看法是：它类似于我很久以前在论文中描述的权威主义人格的"丛林世界观"（Maslow，1943）。在这种世界观里，人们要么是站在你一边，要么是反对你；要么是朋友，要么是敌人。生物学家罗伯特·阿德雷（1966）称这一观点为"敌友情结"。

这种较低水平或有缺陷的生活观念与更高的、存在性水平的观念相比，后者更强调融合、超越和灰色的阴影地带而非简单的黑白二分法。

除了准确和真实性之外，一份处于存在性水平的报纸会是什么样的呢？它将会先提供相对持久而非短暂的表面报道。也就是说，它会跟踪新闻报道，而不是在发生之后的第二天就忘记它们。《基督教科学箴言报》(*Christian Science Monitor*)是一个很正面的例子，它会对谋杀和其他犯罪和灾难（比如瓦斯爆炸和火灾）的日常报道尽量最小化。人们甚至可以说，除非因意外和火灾导致大量人员死亡，否则这些事件并不是真正的新闻。毕竟死亡并不是什么新鲜事。

报纸的其他栏目同样适用这个观点。我们听到很多关于丑闻和离婚的报道，却没有关于美满婚姻的报道。他们用大量的版面报道那些发生在远方的战争，却几乎不报道人们的日常生活、真正为社会进步所做的努力，或对未来发展可能有益的活动。大量的报纸版面专门用于报道青少年犯罪，但几乎没有涉及青少年的理想主义和无私的服务。举个例子，实际上，只有当学校的什么东西坏了，或者发生了什么糟糕的事情时，加利福尼亚大学才会受到报纸的重点报道。

这种令人沮丧的情况当然可以从动机理论中寻求理解。那如何理解呢？就好像今天主流新闻媒体的记者和编辑的动机是来源于匮乏性需要而从不是成长性需要。就好像他们认为有新闻价值的只是痛苦而不是快乐和幸福，或者只是坏人而不是好人。

为了创造一个更美好的社会，这种情况必须改变。

由于马斯洛在管理理论领域声名鹊起，他被邀请去萨迦公司担任驻访学者（由萨迦公司经理威廉·麦克劳克林（William McLaughlin）设立的私人拨款资助）。萨迦公司是一家位于加利福尼亚州正在迅速发展的餐饮服务公司。马斯洛在寒冷的波士顿与心脏病抗争的同时，欣然接受了这一极具吸引力的长达4年的研究员职位，并于1969年初向布兰迪斯大学请了很长时间的病假。萨迦公司为马斯洛提供了具有全方位支持性服务的私人办公室，并邀请他在他方便的时候与公司的经理们交谈。1969年11月，马斯洛在结束了对萨迦公司为中层管理人员举办的"静修"活动（retreat）⊖考察之后，发表了以下热情洋溢的讲话。

FUTURE VISIONS

32

美国管理的动力

这对我来说是一个非常好的经历，与类似的情况相比，我甚至会说这是非常特别的。也许，我可以提供的最好服务是将你们的管理团队与他人的管理团队进行比较。当然，短时间所形成的印象可

⊖ 美国流行的集体互动活动，主要目的是让员工放松身心，有点类似于中国的团建活动。——译者注

能是不可靠的。这只是我的一个特殊的观察式体验，但是我还是希望能谈谈对你们这个群体的整体印象。

对实验的开放

我们可以把在萨迦公司做的事情当作一种"试管"性的世界性实验。因为这个世界上其他社会还没有办法为了让职工相互交谈几天，就让他们从工作场所中脱离出来。这种做法在其他任何地方都没有出现过。你们愿意敞开心扉，倾听他人，这样的开放性使得你们的团队能够很好地利用这次机会。安排这样的静修活动无疑需要花费很多钱，萨迦公司花费了大量的金钱，就是希望从你们这些经理身上能得到回馈。

如果你们明白这个事实，就肯定会提升自己的自尊水平。它一定会让你感觉良好，因为你们能发挥影响力，而不是被巨大的、外部客观力量所控制的无助的命运之卒。你们每个人都有自己的看法，萨迦公司为了倾听你们的意见花了大价钱。同样，心理学家希望你能在自尊、成熟和情绪健康方面得到提升。有研究表明，只有5%的人是主动的积极分子，他们是管理自己和世界的人。我很清楚，你们这个群体的每个成员都是这些主动的积极分子之一，而不是那95%的无助和缺乏方向的人。

在讨论我所观察到的具体方面之前，我想先谈谈整体的看法。你们在过去的几天静修中经历了真正的职场民主化，这对于大多数组织来说仍然是非典型的。正如我已经提到的，这种开明的管理方式在其他地方可能很少存在，真正信任他们的员工且接受民主精神的公司也不超过 5%。因此，你们的团体以一种非常真实的方式代表了人类历史上的一场伟大革命。这一原则是一件新鲜事。它和伽利略、达尔文或弗洛伊德的思想一样，都是革命性的。这是一种新的合作方式。

我们是以良好的意愿和信念在一起工作的。我们认为，即使是为了自己的利益，你也应该做好工作，因为你并不会把你的上级看成天生的敌人或任何类似的东西。你必须和他们和睦相处。

这种态度表明，你们并没有表现得像一群敌人或真正的对手一样，在试图"刺伤"或杀死对方。你们表现得就像一群同事，类似于美国参议员、将军或主权实体。这是不寻常的，这真的很不寻常。我们自己可以意识到这一点，你们也可以享受这种自我觉知。

总之，我认为你们这次管理"静修"是一次非常先进的"侦查"或"飞行员实验"㊀。就我个人而言，我对能参与这一切感到非常荣幸。

管理风格（X 理论和 Y 理论）

我不知道你们对管理和组织风格的最新文献有多熟悉。简单地说，Y 理论假设，如果赋予人们责任和自由，他们就会喜欢工作，并会做得更好。Y 理论还假设，从根本上讲，工人们都喜欢追求卓越、效率、完美等。

仍然主导着世界大部分工作场所的 X 理论却与 Y 理论有着截然相反的观点。它假定，从根本上讲，人们是愚蠢的、懒惰的、有害

㊀ 又称试点实验，美国术语，在这里强调开创性、先进性。——译者注

的、不值得信任的,因此你必须不断检查每一个环节,因为如果你不这样做,工人就会把你的东西偷走。

在过去的几天里,你们为Y理论提供了一个很好的例子。你们都是被信任的,都能独立自主。像我这样的心理学家会认为,你们这个群体中的每个人都是可靠的、值得信赖的,而且是重要的。考虑到你们在萨迦公司的管理职位,你们是关心和参与公司事务的,并且认同整个组织。这是一件非常幸运的事情,因为你们喜欢自己的工作,并且认同整个组织,而不是把公司同事看成一群敌人。我可以告诉你们,你们的团队比大多数团队表现出了更大的开放性和勇气。只有不到1%的员工能如此坦诚地与他人交谈。

攻击的表达

你们的群体也表现出了一定程度的"谨慎",但比我在其他地方看到的要少得多。你们与上司的关系更开放、更直接、更有勇气。没有一个人像我通常预期会看到的那样,通过"伪装"来回避整个情况。

例如,在我被邀请去演讲或观察的大多数情况下,我已经引起了相当多的怀疑和防御。通常情况下,两个人在饮水机旁聊天时,我一走近,他们就不说话了,但我在这里没有看到这种焦虑的反应。当然,防御性可能以心理学家能够看到的各种方式出现,但本质上讲,你们把它限制在了自己的范围内。

处理攻击性的健康方法是不要害怕它,此外我们必须学会不要害怕自己的攻击性。把它想象成汽车里的汽油是很有帮助的,是的,它的确非常强大,但它可以被有效地利用。以这种方式处理攻击性意味着能够坦率地提出批评，可以说"我不喜欢这个""我不喜欢那个""我建议你这样做"，或者"我建议你不要这样做"。

在世界上的一些地方，发表这样的言论会导致家庭不和，部落斗争甚至死亡。好吧，我想说的是，从我的临床观点来看，你们很好地公开处理了攻击性情绪——这种行为是坚强、心理健康的标志。

对上司坦诚直率

你们和上司的关系看起来是健康的。不可否认，"约翰"（不是他的真名）是一个意志坚强的人。如果他是我的老板，我想我会有点儿害怕，担心我该对他说什么。好吧，我认为你们处理得很好，在一个强大的、比你们权力更大的人面前，你们没有失去尊严和自主权。我觉得这种行为是不寻常的，这种情况通常不会发生。

一般来说，面对一个强势的老板时，有些人会讨好和奉承，会拣好听的说，换句话说就是"拍马屁"。但你们的上司让你们跟他直接说，你们也这样做了。

我相信你们在与约翰相处的时候也会"尽力展示自己最好的一面"，并在一定程度上对自己的语言进行删剪和修饰，但相对于其他公司的情况而言，你们是相当直率和诚实的。这也意味着你们是很强大的。我想说的是，在处理这种职场关系的能力方面，你们肯定属于那5%的人。

记住，对我们这个社会的许多人来说，处理攻击性都是问题。健康的处理方式是与那些不害怕彼此、知道自己的想法和想要什么的人交流。

处理我们的情感

对于我们这个社会的男性来说，另一个主要问题是情感表达。从整个社会来看，我们做得并不好。在处理爱情、友谊和身体接触方面，其他文化通常比我们更成功。实际上，我们完全有可能去判断被束缚的人如何对待这种特殊品质。

我认为你们团队在处理情感问题的时候是高于平均水平的，大约高于75%的人。但我必须诚实地说，你们并不是最好的！有时候我看到的是公开的情感表达，但这往往是具有防御性的，比如通过开玩笑的方式进行掩饰。你遇到了你最好的朋友，你也喜欢他。但是，你不会把你的手放在他身上，而是会打他一拳，或者叫他"老家伙"。当然，除了你最亲密的朋友，你不会表现出这种行为，但这是一种含蓄的表达情感的方式。

坦白地说，我不知道这个问题在你们的关系中有多重要。我的观点是，因为工作场所是有结构层次的，也就是说，你有比你强的上级也有比你弱的下属，在两个方向上都建立一种更温暖、更深情、更有表现力的关系是有可能的。所以，如果你喜欢某人或感觉友好，不妨表现出来。毕竟，组织的发展小组和T小组（训练团队）应该帮助我们提升表达情感和友善的能力。

然而，你们的团队并没有表现出恐惧，你们不是一个被束缚的群体。

我一直在研究美国社会中的职场高管们的心理特征，这项研究也揭示了情感表达问题的另一方面。我们的公民，尤其是像企业高管这样的人物，都很担心被认为多愁善感，看电影时哭哭啼啼或看上去软弱无力。

好吧，作为一名心理学家，我可以告诉你，从利他主义和理想主义的意义上讲，我们社会中最强大的人的情感也可能是最柔软的。他们从来不敢在公开场合用语言来表达自己的情感，但那本质上是对最高权力的"童子军般的誓言"。美国人在情感、爱情和感情表达上的困难，是因为我们在一定程度上将其与永不停歇地去让自己看起来坚强、强大、不易被伤害的努力相混淆了。这就好像成熟的成年人，为了让别人说自己具有男性气质，而不断地掩饰自己。我记得最近在电视新闻上看到过一名十几岁的反战抗议者。他手里拿着一块牌子上面写着："我是一个男子汉。"然后，他开始往商店橱窗里扔石头！好吧，男人是不会把石头扔进别人窗户的，只有孩子才会这样做。

无论如何，如果让我向我们的整个社会提出建议，我会建议我们的社会成员更像意大利人或墨西哥人，因为他们会更公开地表达情感。

男性气概

男性气概的定义，即一个完全长大的、成熟的男人到底是什么样子的呢？肯定包含内心的柔软，即变得多愁善感和充满深情的能力。只有青春期的男性才会不敢表达自己的感情。众所周知，青少年总是觉得表达情感是很困难的，因为表达情感会让他们看起来很脆弱，所以很不幸，他们错过了很多美好的事。

当然，你们的团队表达了很多好的观点。能够在想表达美好感情的时候表达清楚，这是一种成熟、心理健康的态度。只有真正感觉自信的人才会展现出温柔，如果缺乏自信则不得不一直表现得很坚强，却因此表现得过分强硬。

我们的内心世界

如果你想谋求晋升和更大的职责，我可以给你们的一个建议就是，你们对他人的评价应该更加多样化，也就是要更加深刻与全面。但不幸的是，你们在这方面表现得还相当不足。

例如，有一个角色扮演的练习，要求你们发表对于彼此的评价。从心理学的角度看，你们的评价都比较肤浅。因为人们是如此复杂、如此丰富、如此多样！我的印象是，你们在表达人际关系或做出人际判断时受到了限制。如果要我给出一个建议，那就是你们可以通过更仔细、更持久地观察别人来勾勒出关于他人的更丰富、更复杂的图画。当然，任何简短的描述，例如"仅用两个词来描述一个你认识的人"，都可能是错误的。这时候就需要反馈来发挥作用。

现在，我还不知道你们在这方面的缺点更多的是在表达上还是在内心世界中。我的预感是前者。

作为管理者，你们必须一直与人打交道，如果你们没有做好这项工作，那么很快就会失业。所以我的猜测是，你们在人际关系中的直觉、洞察力和外交能力远远超过你们清晰表达或讨论的能力。但由于你们必须将对他人的估计和判断写下来，因此能够把这些感情表达出来的能力也是非常值得拥有的。因为谈论你的知觉也会使得它们变得更加有意识而不是无意识，我建议你们能够开始更多的讨论。

相似点和不同点

你们之间的相似点远多于差异。我再说一遍,与其他公司相比,你们的团队是由我所提到的那些特征非常相似的人组成的。也就是说,你们每个人给我的印象都是强大、团结、可靠和可信赖的。我猜想你们做得很好。例如,我有一种明确的感觉,即在紧急情况下,我真的可以依靠你们每一个人——毫无例外。

当然,你们之间也存在着个体差异。但就你们的工作而言,我刚才说的确实适用。我的印象是,你们每个人都具备在这个社会中排名前 5% 的领导能力。你们都知道,正是这顶端 5% 的人完成了必要的工作,并保持了社会的有效运转。同样,这 5% 的人是最负责任的,他们实际上是在领导和支持美国其他 95% 的公民。就你们在萨迦公司的工作而言,你们的个体差异就不那么重要了。

我们的职业化

我认为,你们会从更多关于你们工作的知识背景阅读中受益。我建议你们阅读更多思想丰富的管理理论文献。

如果要我给你们推荐一本书的话,那就是道格拉斯·麦格雷戈 1960 年所著的《企业的人性面》,它通常被看作这一领域的入门书。道格拉斯·麦格雷戈 1967 年所著的《职业经理人》(*The Professional Manager*)更新更精彩。这些书将为你们在萨迦公司的日常工作提供理论框架和更广泛的背景。通过阅读这些书籍,你们不仅能成为有效的管理者,而且能提高自身的晋升能力。所以这是另一个协同效应的例子!

在这里,我们有利己主义和利他主义的融合,个人利益和他人利益的融合。这种协同效应总是会在最好的情况下发生。例如,你和你的配偶在婚姻中相处得很好,你最终会意识到,狭隘的自我利益不再存在。你的确是一个人,但你也不可避免地是团队的一部分,集体汇聚了大家的利益。

在开明的管理领域、开明的工厂,同样发生着利益的融合。如果你们在萨迦公司做得很好,那么你们就是在使自己、公司、国家乃至整个世界受益。

我们的国家有时在国际媒体上受到批评,但美国梦仍具吸引力。这就是用脚投票(所谓"用脚投票",是指资本、人才、技术流向能够提供更加优越的公共服务的行政区域)!因此,美国梦仍具吸引力。

如果你们把自己的工作做得更好(我认为你们都能做到),而且如果你们能从更高的高度俯视每天的日常生活,那么就能更好地了解万事万物是如何融合在一起的。通过阅读对你们有促进作用的书籍,你们可以获得一些更广泛的观点。

当然,阅读总的来说有助于你们更好地与他人相处。这对你个人和整个世界都有好处,所以我建议你们多读书。

结论

感谢你们允许我观察你们的管理培训。你们愿意这样做本身就是一个成熟的标志,因为许多团体会拒绝我的出席。在一个心理学家面前，他们的成员会变得紧张而不自在。人们倾向于逃避心理学家，因为他们对我们 X 射线般的眼睛或我们"读心术"的能力产生了恐惧。

在此背景下，我想以一个幽默的故事结束。最近我参加了一个大型聚会，一个年轻的女士走进房间。她长得非常漂亮，我盯着她看了很久，完全被她的美貌吸引了。突然，那个年轻女人注意到我盯着她，大步走过来。走到近前时，她说："我知道你在想什么！"我吃了一惊，笨拙地、结结巴巴地说："你真的知道？""是的，"她得意地笑了，"我知道你是一个心理学家，所以你想要对我进行心理分析！"我笑着回答："哦，我当时可没有这么想！"

所以，我愿意将你们允许我在这里出现这件事看作自信、不恐惧和情感健康的标志。作为一名心理学家，让你们从心底里接受我是很重要的，我个人很欣赏这种行为。对我来说，这是我感到非常有趣和鼓舞的几天。

马斯洛一生都坚信，不管是心理学还是其他科学都需要对新的思想和范式保持更加开放的态度。马斯洛虽然从未对超感知觉（ESP）进行研究，但他认为有足够的证据表明这是值得认真科学地进行研究的主题。在1966年5月17日的这封信中，他与美国超心理学的先驱J. B. 莱因（J. B. Rhine）博士分享了自己的观点。

致莱因的信

亲爱的莱因博士：

尽管上次与您的见面非常短暂，但让我非常高兴，以至于忘记了和你讨论一个萦绕在我脑海中很久的一个想法。

在我看来，在对情侣或者其他任何一种亲密的爱情关系的研究中，有着许多巧合、不言而喻的交流、对未来的期望等。当然，爱人们的非言语沟通比其他人更有效率。如果我要对ESP进行研究，我觉得这可能是我更喜欢的主题。

我的问题是，有没有人曾经研究过这个问题，有没有系统的数据——任何可以称为研究的东西？（当然，我认为肯定有很多轶事。）

诚挚的，
马斯洛

马斯洛的人本主义方法常常被认为是反行为主义的，但具有讽刺意味的是，马斯洛是以一名接受过行为主义训练的热忱的实验主义者开始其心理学生涯的。尽管马斯洛已经超越了行为主义，但他一直对行为主义表示尊敬，认为它是现代心理学重要流派之一。他只是反对将行为主义或实验法作为获取心理学知识的唯一手段。正如1965年4月5日写给斯金纳的这封信所示，马斯洛与这位美国行为主义的领袖人物保持了数十年的友好交往。

致B.F. 斯金纳的信

亲爱的弗雷德：

　　谢谢你的来信，也感谢你的坦率，这对我很有帮助。

　　如果价值观、有价值的生活、诗歌和艺术等是你所关注的研究对象，那么你必须在自己的理论架构中为经验性知识找到一个更好的位置。至少它必须被视为知识的开端，而且必须以一种系统的方式（作为科学理论的一部分）进行。我认为这与我的方法论或认识论行为主义是相当一致的，即认为客观、公开、令人尊敬的知识是最可靠、最确定、最可信赖的，是值得为之努力的理想。但也没有必要把经验排除在科学数据之外，且希望最终把它客观化。

除此之外，选择研究什么是个人的兴趣（性格）。我喜欢围绕知识的开端展开研究，提出新的问题，有些人则喜欢在更坚实的基础上进行研究，这两种方式都是可取的，而且对于两者，我都乐在其中。当年正是约翰·华生的著作使我进入了心理学这个领域。在威斯康星大学，克拉克·赫尔、诺曼·卡梅伦（Norman Cameron）、比尔·谢尔顿（Bill Sheldon）和其他所有人都是行为主义者，因此我也是。我所有的研究都在这一范围之内。构建坚实、牢固、可靠的东西是非常好的感觉，但它不需要排除以初步的、启发式的方式来猜测、摸索和尝试一些事物。

例如，分析存在性价值对我来说是非常有意义的，它一直在探索着以一种富有诗意和象征意义的方式表达问题。嗯，我很有信心，我正朝着一个模糊认知的现实方向发展，总有一天我们会对这个方向有很清楚的了解，并可以对它进行测试、客观化、确认或者否定。让我们10年后来检查一下。

我对你所说的你的高峰体验感兴趣，对于你对冲动、情感等的兴趣也很感兴趣。我可以建议你在自传中详述这一点吗？这会纠正人们的错误想法。我很高兴接受你的指正。

对了，写完之后，请把你的作品寄给我。

诚挚的，
马斯洛

在生命的最后几年里,马斯洛对于将自己的人本主义心理学体系应用到公共政策这一重要领域充满了浓厚的兴趣。他相信,像先天的需要层次、高级动机和自我实现等心理学概念,可以在创造更为和谐的美国社会和更广泛的世界秩序中发挥重要作用。这封未发表的写于1970年5月8日(马斯洛去世前一个月)的信总结了他对于公共政策的看法。

致约翰·D. 洛克菲勒三世的信

亲爱的洛克菲勒先生:

我发现你在马尼拉所做的关于"生活质量"的演讲非常引人入胜,因为它的价值超越了一般意义上显而易见的表面价值,也超越了对论文本身的良好评价。除此之外,我被你个人思考、探索以及最终的判断之间的融合深深吸引,同时也对你的研究结果与来自精神治疗师、理论心理学家、管理学家的研究结果的相似深深吸引。他们也发现,人类本质也包括你所说的人的尊严、归属感、获得完全的潜能、关怀和美丽。我已经为这些基本的需求和欲望新创造了一个词,即"似本能"(instinctoid),指用充分的证据来定义人性及泛人性本身的特性和不同之处。

我敢肯定，你会发现，我的研究发现中最具吸引力的是自我实现的人，也就是那些在安全感、归属感、情感、尊严和自由需求方面得到了满足的人。他们能够开发自己的潜力，因此他们的动机就不再来源于自己的基本需要，而是来自我所说的"超越性动机"——但这本质上是内在的价值观、永恒的真理以及存在性价值。正如你指出的，这里面包括美丽。但也有相当多的证据表明，你可以将真理、卓越、秩序（数学意义上）、统一、完美等添加进来，从而填满这张"超越性需求"的图景。

对我来说，这是一件令人振奋的事情，这使我意识到，至少对于一些人来说（我不知道具体的百分比如何），随着构成生活质量的基本方面的实现，他们可以继续追求更高的抱负。也就是说，如果你已经实现了你所列出的生活质量的各个方面，你就能够有信心认为，至少有一些人会继续变成更完善、更接近理想的完人。这并不是说他们会成为圣人，因为我也发现，渴望永远不会停止（或者从消极的方面说，怨言、抱怨、想要更多，这些是永不会停息的）。人们可以用一种鼓舞人心的方式说，人的抱负是无止境的、越来越高的；或者可以用一种消极的方式来阐释。不管怎样，我们有证据表明，好人或者好的社会甚至好的天堂，这些永恒的概念都必须给个人提供达到更高甚至我们今天不能想象的水平的途径。

你利用你的影响力不仅关注了紧急而必要的人口控制问题，而且谈到了超越这些紧迫问题的可能性，对此我非常感激，正如我在和你的交谈中提到的那样，我的手中有了一个指南针，这对我有极大的帮助，即使在动荡不安、狂风肆虐之中也可以告诉我前进的方向，引导我穿越风暴。我知道这很容易让我们陷入乌托邦的精神之中，只想到遥远的理想，我同意你的观点，这是一个巨大的危险。

然而我觉得，把自己的焦点完全集中在眼下正在肆虐的火焰上，不去考虑明天、明年、下一代，甚至下个世纪，这同样是危险的。拥有了这样的指南针，至少可以帮助我面对此刻、今天以及一个迫切需要解决的问题时，知道自己该做些什么。

除了一项需要之外，你已经涵盖了我们所发现的所有基本需要，我当然建议你能够将其补充进去。这种需要就是对安全、保障、稳定、连续以及环境的信任的需要。如果没有发展出特定的附加的政治含义，我更愿意使用"法律"和"秩序"这两个词语。它们与安全需要具有同样的含义。对某些国家（比如墨西哥，我曾经研究过它一段时间）而言，这是一个很特殊的问题：法律本身不被信任，警察和政府官员腐败，他们不再是公仆，而是首先关注自己的个人利益。或者换句话说，校园和街道充斥着暴力，恐惧随着夜幕而降临，政府、军队和警察对于确保人们没有焦虑、没有恐惧的自由行走（比如穿过中央公园）似乎无能为力。安全需要是作为物种的一个深刻而基本的似本能需要。当然，把它归到物质需要和归属需要之中也是完全正确的，但我认为把它分离出来作为一种独立的需要来加以关注和满足更为有益。

我认为，另一个能帮助你思考生活质量的科学发现是，这些基本需要被组织成了我所说的"优势层次"（hierarchy of prepotency）。也就是说，尽管这些都是普遍的人类需求，需要在治疗疾病带来的痛苦时得到满足，但其中一些需求比其他需求更急迫、更占优势。优势层次是一种关于需要满足紧迫感或苛求性的顺序。到目前为止，我们发现，最紧急的需要是物质需求，之后依次是安全-保障的需要,归属感,爱和关心、友谊和感情,尊重、自尊和尊严,最后是实现个人的潜能,也就是我所说的自我实现。正如你指出的,当一个人饥饿的时候,自我实现或尊严等是完全可以牺牲的。

某些基本需要比其他需要更迫切。这种相同的或类似的层次已经被发现是存在的。例如不仅存在于神经症患者无意识需要的优先顺序中,而且存在于工会为之奋斗的历史中,存在于不发达国家要解决的问题的紧迫性顺序中,存在于美国社会向上流动和经济上成功的人所追求的各种满足和消费顺序中,存在于我们工厂的管理者和经理们最应该满足工人的人性需要的重要性顺序中,也就是说,它看起来像一个普遍的个人和社会原则。

我希望这些话能有所帮助。也许它们会帮助你明白为什么我如此喜欢你的论文。

诚挚的,

马斯洛

致　　谢

能够编辑亚伯拉罕·马斯洛未出版的论文让我倍感荣幸。本书的出版得到了很多人的积极支持与参与。首先，我要感谢安·卡普兰（Ann Kaplan）对于出版她父亲未发表的文章所给予的热情支持与配合。我还要感谢《人本主义心理学杂志》的资深编辑托马斯·格瑞林（Thomas Greening）博士，是他建议我将本书交由赛奇出版公司出版。我希望感谢在过去几年里关于马斯洛经久不衰的成果进行富有启发性的谈话的各位学者。

非常感谢阿克伦大学的美国心理学史档案馆，使得我能够非常愉快且富有成效地查阅大量马斯洛的档案。人本主义心理协会和人本主义教育与发展协会（隶属于美国心理咨询协会）长期以来为我写作有关马斯洛的思想遗产和相关主题文章提供了建设性论坛。还要感谢赛奇公司吉姆·纳吉奥特在编辑方面给予的支持与指导。

感谢我献身于教育事业的父母和兄弟，他们给予了我巨大的鼓励。最重要的是我要感谢我的妻子劳蕾尔、我的孩子阿伦和杰里米，感谢他们从始至终无比的耐心和情感上的支持。

参考文献

Adorno, T. W., Frenkel-Brunswick, E., Levinson, D. J., & Sanford, R. N. (1950). *The authoritarian personality*. New York: Harper & Row.
Angyal, A. (1965). *Neurosis and treatment: A holistic theory*. New York: John Wiley.
Ardrey, R. (1966). *The territorial imperative*. New York: Atheneum.
Asch, S. (1965). *Social psychology*. Englewood Cliffs, NJ: Prentice Hall.
Bodkin, M. (1934). *Archetypal patterns in poetry*. London: Oxford University Press.
Bugental, J. (1965). *The search for authenticity*. New York: Holt, Rinehart & Winston.
Fergusson, H. (1971). *The blood of the conquerors*. New York: Arno. (Original work published 1921)
Fiedler, L. (1968). Greek mythologies. *Encounter, 30*(4), 41-55.
Frankl, V. (1984). *Man's search for meaning* (3rd ed.). New York: Simon & Schuster.
Freud, A. (1950). *The ego and the mechanisms of defense* (C. Baines, Trans.). New York: International Universities Press.
Friedan, B. (1963). *The feminine mystique*. New York: Norton.
Fromm, E. (1939). Selfishness and self-love. *Psychiatry, 2*, 507-523.
Hoffman, E. (1988). *The right to be human: A biography of Abraham Maslow*. Los Angeles: Tarcher.
Huxley, A. (1964). *The perennial philosophy*. New York: Harper.
James, W. (1981). *The principles of psychology*. Cambridge, MA: Harvard University Press. (originally ublished in 1890)
Koestler, A. (1960). *The lotus and the robot*. London: Hutchinson.
Krishnamurti, J. (1954). *The first and last freedom*. New York: Harper.
Lewis, C. S. (1956). *Surprised by joy*. New York: Harcourt Brace.
Manuel, F. (1968). *A portrait of Isaac Newton*. Cambridge, MA: Harvard University Press.
Maslow, A. H. (1937). Personality and patterns of culture. In R. Stagner (Ed.), *Psychology of personality* (pp. 89-111). New York: McGraw-Hill.
Maslow, A. H. (1943). The authoritarian character structure. *Journal of Social Psychology, 18*, 401-411.
Maslow, A. H. (1954). *Motivation and personality*. New York: Harper & Brothers.

Maslow, A. H. (1959). Cognition of being in the peak experiences. *Journal of Genetic Psychology, 94,* 43-66.
Maslow, A. H. (1964). *Religions, values, and peak-experiences.* Columbus: Ohio University Press.
Maslow, A. H. (1965). *Eupsychian management: A journal.* Homewood, IL: Irwin-Dorsey.
Maslow, A. H. (1967). A theory of meta-motivation: The biological rooting of the value-life. *Journal of Humanistic Psychology, 7,* 93-127.
Maslow, A. H. (1968a). Music education and peak-experiences. *Music Educator's Journal, 54,* 72-75, 163-171.
Maslow, A. H. (1968b). *Toward a psychology of being* (2nd ed.). Princeton: Van Nostrand. (Original work published 1962)
Maslow, A. H. (1971). *The farther reaches of human nature.* New York: Viking.
Maslow, A. H., & Mittelman, B. (1941). *Principles of abnormal psychology.* New York: Harper & Brothers.
Matson, F. (1966). *The broken image.* Garden City, NY: Doubleday.
McClelland, D. C. (1953). *The achievement motive.* Norwalk, CT: Appleton-Century-Crofts.
McClelland, D. C. (1961). *The achieving society.* Princeton, NJ: Van Nostrand.
McGregor, D. (1960). *The human side of enterprise.* New York: McGraw-Hill.
McGregor, D. (1967). *The professional manager* (W. G. Bennis & C. McGergor, Eds.). New York: McGraw-Hill.
Northrop, F. S. (1979). *The meeting of east and west.* New York: Macmillan. (Original work published 1946)
Polyani, M. (1964). *Science, faith, and society.* Chicago: University of Chicago Press.
Rogers, C. (1940). *Counseling and psychotherapy.* Boston: Houghton Mifflin.
Shostrom, E. (1963). *Personal orientation inventory (POI): A test of self-actualization.* San Diego, CA: Educational and Industrial Testing Service.
Skinner, B. F. (1962). *Walden two.* New York: Macmillan.
Sohl, J. (1967). *The lemon eaters.* New York: Simon & Schuster.
Solzhenitsyn, A. (1969). *Cancer ward.* New York: Farrar, Straus & Giroux.
Sorokin, P. (1954). *Forms and techniques of altruistic and spiritual growth.* Boston: Beacon.
Stagner, R. (Ed.). (1937). *Psychology of personality.* New York: McGraw-Hill.
Sumner, W. G. (1940). *Folkways.* New York: Ginn and Company.
Wilson, C. (1959). *The stature of man.* Boston: Houghton Mifflin.
Wilson, C. (1964). *The outsider.* London: Arthur Baker.
Yablonsky, L. (1968). *Hippie trip.* New York: Penguin.
Zaleznik, A. (1956). *Worker satisfaction and development.* Boston: Harvard University Graduate School of Business Administration.
Zaleznik, A. (1966). *Human dilemmas of leadership.* New York: Harper & Row.

存在主义心理学

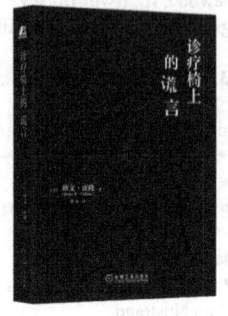

积极人生

《大脑幸福密码：脑科学新知带给我们平静、自信、满足》
作者：[美] 里克·汉森　译者：杨宁 等

里克·汉森博士融合脑神经科学、积极心理学与进化生物学的跨界研究和实证表明：你所关注的东西便是你大脑的塑造者。如果你持续地让思维驻留于一些好的、积极的事件和体验，比如开心的感觉、身体上的愉悦、良好的品质等，那么久而久之，你的大脑就会被塑造成既坚定有力、复原力强，又积极乐观的大脑。

《理解人性》
作者：[奥] 阿尔弗雷德·阿德勒　译者：王俊兰

"自我启发之父"阿德勒逝世80周年焕新完整译本，名家导读。阿德勒给焦虑都市人的13堂人性课，不论你处在什么年龄，什么阶段，人性科学都是一门必修课，理解人性能使我们得到更好、更成熟的心理发展。

《盔甲骑士：为自己出征》
作者：[美] 罗伯特·费希尔　译者：温旻

从前有一位骑士，身披闪耀的盔甲，随时准备去铲除作恶多端的恶龙，拯救遇难的美丽少女……但久而久之，某天骑士蓦然惊觉生锈的盔甲已成为自我的累赘。从此，骑士开始了解脱盔甲，寻找自我的征程。

《成为更好的自己：许燕人格心理学30讲》
作者：许燕

北京师范大学心理学部许燕教授30年人格研究精华提炼，破译人格密码。心理学通识课，自我成长方法论。认识自我，了解自我，理解他人，塑造健康人格，展示人格力量，获得更佳成就。

《寻找内在的自我：马斯洛谈幸福》
作者：[美] 亚伯拉罕·马斯洛 等　译者：张登浩

豆瓣评分8.6，110个豆列推荐；人本主义心理学先驱马斯洛生前唯一未出版作品；重新认识幸福，支持儿童成长，促进亲密感，感受挚爱的存在。

更多>>>　《抗逆力养成指南：如何突破逆境，成为更强大的自己》　作者：[美] 阿尔·西伯特
《理解生活》　作者：[美] 阿尔弗雷德·阿德勒
《学会幸福：人生的10个基本问题》　作者：陈赛 主编

社会与人格心理学

《感性理性系统分化说：情理关系的重构》
作者：程乐华

一种创新的人格理论，四种互补的人格类型，助你认识自我、预测他人、改善关系，可应用于家庭教育、职业选择、企业招聘、创业、自闭症改善

《谣言心理学：人们为何相信谣言，以及如何控制谣言》
作者：[美] 尼古拉斯·迪方佐 等　译者：何凌南 赖凯声

谣言无处不在，它们引人注意、唤起情感、煽动参与、影响行为。一本讲透谣言的产生、传播和控制的心理学著作，任何身份的读者都会从本书中获得很多关于谣言的洞见

《元认知：改变大脑的顽固思维》
作者：[美] 大卫·迪绍夫　译者：陈舒

元认知是一种人类独有的思维能力，帮助你从问题中抽离出来，以旁观者的角度重新审视事件本身，问题往往迎刃而解。
每个人的元认知能力是不同的，这影响了他们的学习效率、人际关系、工作成绩等。
借助本书中提供的心理学知识和自助技巧，你可以获得高水平的元认知能力

《大脑是台时光机》
作者：[美] 迪恩·博南诺　译者：闾佳

关于时间感知的脑洞大开之作，横跨神经科学、心理学、哲学、数学、物理、生物等领域，打开你对世界的崭新认知。神经现实、酷炫脑、远读重洋、科幻世界、未来事务管理局、赛凡科幻空间、国家天文台屈艳博士联袂推荐

《思维转变：社交网络、游戏、搜索引擎如何影响大脑认知》
作者：[英] 苏珊·格林菲尔德　译者：张璐

数字技术如何影响我们的大脑和心智？怎样才能驾驭它们，而非成为它们的奴隶？很少有人能像本书作者一样，从神经科学家的视角出发，给出一份兼具科学和智慧洞见的答案

更多>>>
《潜入大脑：认知与思维升级的100个奥秘》作者：[英] 汤姆·斯塔福德 等　译者：陈能顺
《上脑与下脑：找到你的认知模式》作者：[美] 斯蒂芬·M. 科斯林 等　译者：方一雲
《唤醒大脑：神经可塑性如何帮助大脑自我疗愈》作者：[美] 诺曼·道伊奇　译者：闾佳